让孩子爱上科学实验

水也会疯狂

纸上魔方◎编绘

上海科学技术文献出版社
Shanghai Scientific and Technological Literature Press

图书在版编目(CIP)数据

水也会疯狂／纸上魔方编绘. — 上海：上海科学技术文献出版社，2023.6
(让孩子爱上科学实验)
ISBN 978-7-5439-8844-6

Ⅰ.①水… Ⅱ.①纸… Ⅲ.①水—儿童读物
Ⅳ.①P33-49

中国国家版本馆 CIP 数据核字(2023)第 087933 号

组稿编辑:张　树
责任编辑:王　珺

水也会疯狂

纸上魔方　编绘

*

上海科学技术文献出版社出版发行
(上海市长乐路 746 号　邮政编码 200040)
全 国 新 华 书 店 经 销
四川省南方印务有限公司印刷

*

开本 700×1000　　1/16　　印张 10　　字数 200 000
2024 年 1 月第 1 版　　2024 年 1 月第 1 次印刷
ISBN 978-7-5439-8844-6
定价:49.80 元
http://www.sstlp.com

前 言

在生活中，你是否遇到过一些不可思议的问题？比如被敲击一下就会伸腿前踢的膝盖，怎么用力也无法折断的小木棍；你肯定还遇到过很多不解的问题，比如天空为什么是蓝色而不是黑色或者红色，为什么会有风雨雷电；当然，你也一定非常奇怪，为什么鸡蛋能够悬在水里，为什么用吸管就能喝到瓶子里的饮料……

我们想要了解这个神奇的世界，就一定要勇敢地通过实践取得真知，像探险家一样，脚踏实地去寻找你想要的那个答案。伟大的科学家爱因斯坦曾经说："学习知识要善于思考，思考，再思考。"除了思考之外，我们还需要动手实践，只有自己亲自动手获得的知识，才是真正属于自己的知识。如果你亲自动手，就会发现膝跳反射和人直立行走时的重心有关，你也会知道小木棍之所以折不断，是因为用力的部位离受力点太远。当然，你也能够解释天空呈现蓝色的原因，以及风雨雷电出现的原因。

一切自然科学都是以实验为基础的，让小朋友从小养成自己动手做实验的好习惯，是

非常有利于培养他们的科学素养的。在本套丛书中，读者将体验变身《化学魔法师》的乐趣，跟随作者走进《人体大发现》，通过实验认识到《光会搞怪》《水也会疯狂》，发现《植物有睡气》《动物真有趣》，探索《地理的秘密》《电磁的魔性》以及《天气变变变》的奥秘。这就是本套丛书包括的最主要的内容，它全面而详细地向你展示了一个多姿多彩的美妙世界。还在等什么呢，和我们一起在实验的世界中畅游吧！

目 录

"漂在水面"的针

你需要准备的材料：

☆ 两只碗

☆ 两根针

☆ 一瓶清洁剂

◎实验开始：

1. 在两只碗里倒满清水；

2. 小心地在两碗水的表面各放一根针，你会发现两根针都浮在水面上；

3. 向其中一个碗里的水面滴入一滴清洁剂，会发生什么现象；

4. 再用手指轻轻地碰一下另一个碗水面上的针，会发生什么现象？

◎有趣的发现：

两个碗内的针原本还都浮在水面上，但是当向其中一个碗内滴一滴清洁剂时，针顿时落入了碗底；而用手指轻轻地碰一下另一个碗内的针，也发生了相同的情况。

皮皮好奇地问："为什么两根针在一开始能浮在水面上呢？"

孔墨庄叔叔说："这很简单，因为水的表面张力支撑住了针，使针不会下沉。"

皮皮好奇地问："那为什么滴一滴清洁剂和用手指轻轻碰一下，针就立刻沉入碗底了呢？"

孔墨庄叔叔说："滴入了清洁剂之后，降低了水的表面张力，针就浮不住了。同理，当你轻轻碰一下水面的针时，就打破了水面原有的表面张力，针就会沉入碗底了。"

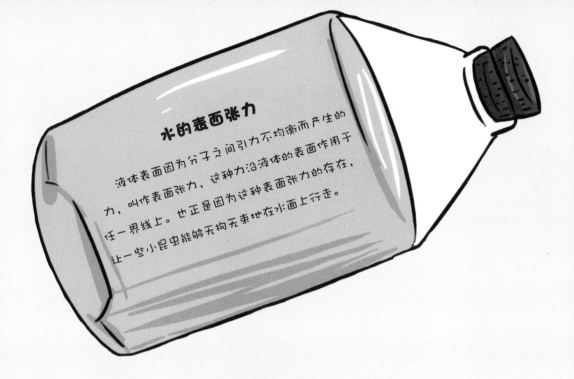

水的表面张力

液体表面因为分子之间引力不均衡而产生的力，叫作表面张力，这种力沿液体的表面作用于任一界线上。也正是因为这种表面张力的存在，让一些小昆虫能够无拘无束地在水面上行走。

嘉嘉："孔墨庄叔叔，我有点想不通！"

孔墨庄叔叔："你想不通什么呢？"

嘉嘉："你看，为什么我往碗里放的针都沉了呢？"

皮皮："小傻瓜，你先看看自己的袖子吧！"

嘉嘉："啊，怎么会这样，原来是我的袖子碰了水面，哼，真是坏事，我去剪掉它！"

孔墨庄叔叔："快回来！"

有孔纸片 "托水"

你需要准备的材料：

☆ 一瓶可乐

☆ 一张白纸

☆ 一枚大头针

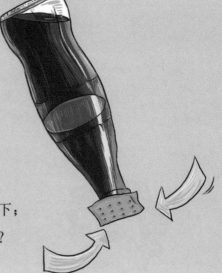

◎ **实验开始：**

1. 拧开可乐瓶；

2. 用大头针在白纸上扎一些密集的小孔；

3. 用有孔纸片盖住瓶口；

4. 用手压着纸片，将水瓶倒转，使瓶口朝下；

5. 将手轻轻从瓶口移开，看看发生了什么？

◎ 有趣的发现：

纸片会纹丝不动地盖住瓶口，而且水也未从纸片的孔中流出来。

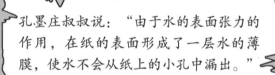

嘉嘉好奇地问："为什么纸片能托住一整瓶的可乐？"

孔墨庄叔叔说："由于水的表面张力的作用，在纸的表面形成了一层水的薄膜，使水不会从纸上的小孔中漏出。"

嘉嘉又好奇地问："为什么可乐不会从小孔里流出呢？"

孔墨庄叔叔说："这是由于大气压力作用于纸片上，对纸片产生了一种向上的托力，所以将装满水的瓶子倒置，水也不会流出，就像是纸片向上托住了水一样。"

常见的表面张力

其实水的表面张力十分常见，比如叶子上滚动的球形露珠、打破温度计后洒落在地上的"水银球"，还有那个虽然表面有很多小孔却不会漏雨的伞……这些现象都是与液体的表面张力有关系。

嘉嘉已将材料准备好了，信心满满地说："孔墨庄叔叔，快来看，我就要大功告成了！"

皮皮、孔墨庄叔叔围坐过来。

嘉嘉用有孔纸片把装满水的瓶口盖住，可是由于心急，还未用手压紧纸片，就慢慢地将瓶子倒转，等到瓶口完全朝下时，自信地把手轻轻移开，可是只听见"哗"的一声，水一下子从瓶子里喷了出来，嘉嘉惊讶地大叫："怎么会这样？"

孔墨庄叔叔："皮皮，你说一下，嘉嘉哪儿做得不对？"

皮皮疑惑地看着孔墨庄叔叔："没看清楚，他做得太快了。"

孔墨庄叔叔指着那张纸："秘密就在这儿呢，他没把纸片压紧就开始倒转。"

嘉嘉、皮皮恍然大悟："哦，原来是这样啊！"

净化水的实验

你需要准备的材料：

☆ 适量烘烤过的木炭或者活性炭

☆ 若干块脱脂棉　　☆ 一支注射器

☆ 一瓶自来水　　　☆ 一个纸杯

☆ 一瓶红墨水

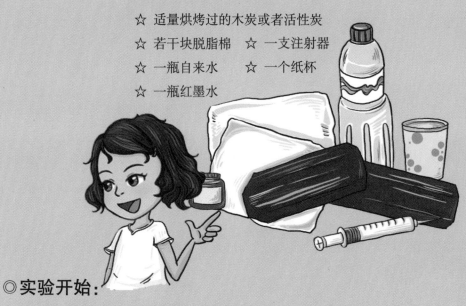

◎实验开始：

1．将一小团脱脂棉放进注射器针筒里；

2．然后向注射器内加少许活性炭粉，在活性炭层上面再放适量脱脂棉；

3．取一个纸杯装满水，将红墨水滴入若干滴，至水呈红色；

4．往注射器内注入红颜色的水，用纸杯接住流出的液体，看看液体是什么颜色？

◎**有趣的发现：**

经过活性炭层吸附后，用小烧
杯接住流出的液体，可以观察
到液体有明显的褪色现象。

皮皮好奇地问："活
性炭怎么这么神奇？

孔墨庄叔叔说："活性炭是一种拥有发达孔
隙构造的含碳物质，正因为它的结构特殊，
所以它拥有吸附杂质的能力，能够达到吸
收、收集杂质的目的。"

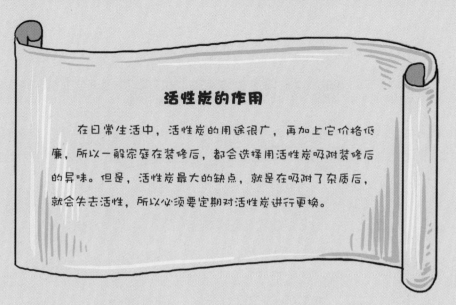

活性炭的作用

在日常生活中，活性炭的用途很广，再加上它价格低廉，所以一般家庭在装修后，都会选择用活性炭吸附装修后的异味。但是，活性炭最大的缺点，就是在吸附了杂质后，就会失去活性，所以必须要定期对活性炭进行更换。

嘉嘉："孔墨庄叔叔，既然活性炭这么棒，能吸掉好多的杂质，我有个大胆的想法！"

孔墨庄叔叔："小家伙，你想做什么？"

嘉嘉："每次喝水前，我都要用活性炭过滤，检查一下妈妈烧的水有没有问题！"

孔墨庄叔叔："活性炭滤出的水可千万别喝哦！"

哪个孔喷水远些

你需要准备的材料：

☆ 一个装牛奶的纸盒

☆ 一卷胶带

☆ 一个钉子

☆ 适量的水

☆ 一个平盘

◎ 实验开始：

1. 放好牛奶盒，用钉子在盒上戳三个孔。三个孔的位置分别是底部、中部和上部；

2. 用胶带把三个孔封住；

3. 将纸盒中加满水；

4. 将平盘放在有孔的侧面的下方，把胶布撕开，观察三个孔的喷水有什么不同？

◎ 有趣的发现:

从底部流出的水喷射得最远,其次是中部的水,喷得最近的是从顶部喷出的水。

皮皮好奇地问:"为什么同样的水,由不同的位置喷出,水的射程就不同呢?"

孔墨庄叔叔说:"这是由水压力决定的,而水的压力是由深度决定,水位越深,压力就越大,喷射的距离也就越远,而水位越浅,压力就越小,喷射的距离也就越近。"

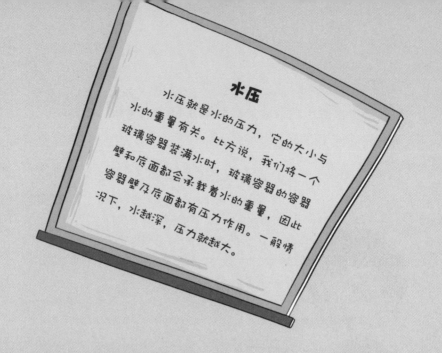

水压

水压就是水的压力，它的大小与水的重量有关。比方说，我们将一个玻璃容器装满水时，玻璃容器的容器壁和底面都会承载着水的重量，因此容器壁及底面都有压力作用。一般情况下，水越深，压力就越大。

丹丹："嘉嘉，你在想什么呢？"

嘉嘉："我打算用这个小实验去浇花呢。"

丹丹："浇花？"

嘉嘉："是啊，我们做一个很大的桶，上面钻上孔，利用水的压力，我们不用动，就能把花坛里的花都浇了！"

丹丹："哇！嘉嘉，你实在太聪明了！"

嘉嘉："你别再夸我了，我会骄傲的！"

"自动旋转" 的奥秘

你需要准备的材料：

☆ 一个空的牛奶包装盒
☆ 一个钉子
☆ 一根绳子
☆ 一个水盆
☆ 一定量的水

◎ 实验开始：

1．用钉子在空牛奶盒上扎五个孔，一个孔在纸盒顶部的中间，另外四个孔在纸盒的四个侧面的左下角；

2．把一根长60厘米的绳子系在空牛奶盒顶部的孔上；

3．把空牛奶盒放进水盆里，快速地将盒子里灌满水，然后用手提起盒子上的绳子，你发现了什么？

◎**有趣的发现：**

当你把纸盒提起来的时候，盒子会顺时针旋转。

丹丹看着这个旋转的纸盒，不解地问："咦？又没有碰这个纸盒子，怎么会旋转呢？"

孔墨庄叔叔笑了笑说："盒子之所以会跟着旋转，就是因为纸盒的盒底和内壁受到了水的压力，再加上纸盒侧壁上有小孔，水就会从这些小孔中流出来，当水流出来的时候，就会对纸盒产生大小相等、方向相反的反作用的推力，纸盒这四个角都有推力，这就让纸盒做起了顺时针方向的运动。"

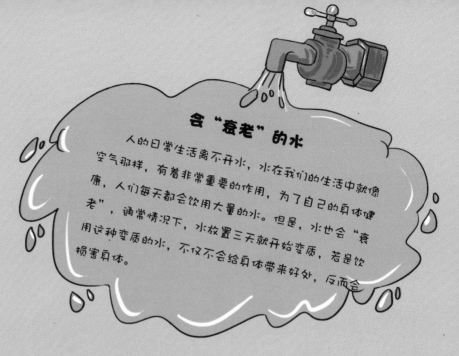

会"衰老"的水

人的日常生活离不开水，水在我们的生活中就像空气那样，有着非常重要的作用，为了自己的身体健康，人们每天都会饮用大量的水。但是，水也会"衰老"，通常情况下，水放置三天就开始变质，若是饮用这种变质的水，不仅不会给身体带来好处，反而会损害身体。

皮皮："嘉嘉，你怎么浑身湿漉漉的？"

嘉嘉："我本来想做一个更大一点的实验，可是……"

皮皮："可是什么？"

嘉嘉："可是我忘了水会向四周喷洒，所以我下半身都湿了。"

用纸盒"烧水"

你需要准备的材料：

☆ 一个纸盒

☆ 一片石棉网

☆ 一个酒精灯

☆ 一个三角架

☆ 一盒火柴

◎实验开始：

1．首先，往纸盒里倒入适量的水；

2．然后，把盛水的纸盒放到铺有石棉网的三角架上；

3．再把酒精灯放在三角架下，用火柴点燃酒精灯；

4．1分钟过后，观察发生了什么变化；15分钟之后，再观察纸盒里的水发生了什么变化。

◎ 有趣的发现：

15分钟左右，纸盒上方飘起了白色的蒸汽，水沸腾了。

皮皮好奇地问："为什么纸盒能烧水，却没有被点着？"

孔墨庄叔叔说："在常压下，水的沸点是100℃，纸盒的燃点大约在130℃左右，高于水的沸点。烧水时，酒精灯火焰通过石棉网把热能传递给纸盒，纸盒中的水吸收热量之后，水温逐渐升高，当达到100℃时水就会沸腾，而纸盒必须达到130℃的温度时，才会燃烧，所以当水烧开时，纸盒不会燃烧。"

沸点

当液体达到一定温度的时候，会产生一种大量气泡不停地从水底向水面翻滚而上的气化现象。沸点就是液体达到沸腾时的温度。不同液体的沸点各不相同。液体沸点的高低一般还受其浓度和外界气压高低的影响，水的沸点在正常情况下是100℃。

嘉嘉："孔墨庄叔叔，我要回家做个大大的纸盒！"

孔墨庄叔叔："大纸盒，你想用来干什么啊？"

嘉嘉："用它盛水啊，每天用大纸盒烧水，这样就能节省电费了，我聪明吧？"

孔墨庄叔叔："小家伙，快回来，小心烫着！"

你也能用水作画

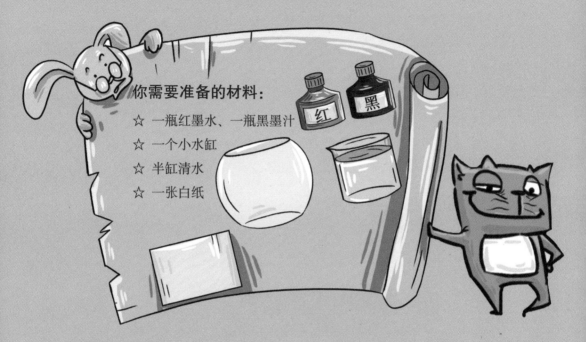

你需要准备的材料：

☆ 一瓶红墨水、一瓶黑墨汁

☆ 一个小水缸

☆ 半缸清水

☆ 一张白纸

◎ 实验开始：

1. 在小水缸中加入半缸清水；

2. 在清水中滴入几滴红墨水，再滴入几滴黑墨水；

3. 轻轻地将白纸在水面上浸几秒钟，然后将白纸拿起晾干；

4. 观察白纸上出现的变化。

◎有趣的发现：

白纸晾干后，你会在上面看到一幅奇特的画。

嘉嘉："真奇怪，怎么能在白纸上形成一幅画呢？"

孔墨庄叔叔："那是因为水面上轻薄的油脂将黑墨水托起来。当白纸放到水面上之后，水面上的画面就会翻印到纸张上。"

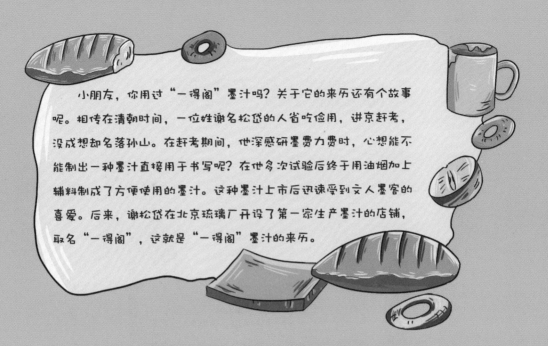

　　小朋友，你用过"一得阁"墨汁吗？关于它的来历还有个故事呢。相传在清朝时间，一位姓谢名松岱的人省吃俭用，进京赶考，没成想却名落孙山。在赶考期间，他深感研墨费力费时，心想能不能制出一种墨汁直接用于书写呢？在他多次试验后终于用油烟加上辅料制成了方便使用的墨汁。这种墨汁上市后迅速受到文人墨客的喜爱。后来，谢松岱在北京琉璃厂开设了第一家生产墨汁的店铺，取名"一得阁"，这就是"一得阁"墨汁的来历。

　　皮皮回家准备好一盆水，两瓶黑墨汁和一张白纸。

　　妈妈一脸疑惑："你想用来干什么啊？"

　　皮皮："妈妈，我要给你画一幅画，很快就会大功告成！"

　　只见皮皮把两瓶墨汁全部倒入盆中，白纸放在水面上顿时就变成了黑色。

　　妈妈："我就知道你除了捣乱，什么都干不了！"

水膨胀的"力量"

你需要准备的材料：

☆ 一个细颈的酒瓶

☆ 若干铝箔

☆ 适量水

◎**实验开始：**

1．将酒瓶中灌满水；

2．将铝箔纸盖在酒瓶的瓶口，不用太紧，松松的就可以；

3．将酒瓶放入冰箱；

4．当酒瓶中的水冻结实后，你看到了什么？

◎有趣的发现：

当酒瓶中的水冻结实后，你会发现冰把铝箔顶起来了。甚至连酒瓶都会被冻裂。

嘉嘉看着这个凸起的冰，问："怎么都冻出来了？这水明明是满满的啊！"

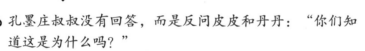

孔墨庄叔叔没有回答，而是反问皮皮和丹丹："你们知道这是为什么吗？"

两人都摇摇头，孔墨庄叔叔解释说："这是因为水在结冰时体积会膨胀。我们都知道，水是液态的，当它达到零摄氏度以下的温度时，就会结冰，成为固态，体积也就会随之膨胀。当水在瓶子中结冰时，体积就会膨胀，这样就会将酒瓶中的铝箔纸顶起来了。"

热缩冷胀的水

与其他物质不同，水的热胀冷缩的现象是反常的。在低于4℃时，水会热缩冷胀，导致密度下降；而大于4℃时，则恢复热胀冷缩的性质。这是水的最重要也是最奇妙的特性之一。当水结冰时，冰的密度小，浮在水面上。但如果冰的密度比水大，冰会不断沉到水下，天暖的时候也不会解冻，来年上面的水继续冰冻，直到所有的水都结成了冰，这样所有的水生生物都不会存在了。

丹丹："嘉嘉，你又在做实验吗？"

嘉嘉："是啊！可是我把水加热了，它并不是热缩冷胀啊！你看，水都没了。"

丹丹："嘉嘉，难道你忘了孔墨庄叔叔说，水只有在低于4℃时才会热缩冷胀吗？"

让鸡蛋在水中"浮起来"

你需要准备的材料：

☆ 一个鸡蛋

☆ 适量水

☆ 一个杯子

☆ 一双筷子

☆ 一袋食用盐

◎ 实验开始：

1．杯子中装满水，然后将鸡蛋放入杯子中，鸡蛋会很快沉入杯底；

2．往杯子中放入一些食用盐，并用筷子轻轻搅动，让杯子中的水成为饱和食盐水；

3．观察水中的鸡蛋，你发现了什么？

◎有趣的发现：

当杯子里的水成为饱和食盐水后，沉在杯底的鸡蛋竟然浮了起来。

看到鸡蛋浮起来后，嘉嘉大声叫道："啊！快看！鸡蛋居然浮起来了！"

皮皮在一旁观看，不禁感叹："太神奇了！孔墨庄叔叔，这是怎么回事啊？"

孔墨庄叔叔解释说："没放盐之前的水，密度要小于鸡蛋的密度，所以鸡蛋会沉入水底。而饱和食盐水的密度要比鸡蛋的密度大，所以鸡蛋浮在了水面上。"

生命的禁区——"死海"

世界上最深的、最咸的咸水湖就是死海，由于含盐量高，死海中没有生物存活，甚至连海岸线上都很少能看到生物，所以它才被人称作"死海"。由于死海中盐的浓度较高，人在死海里不仅不会沉下去，还能够不借助任何外力漂浮在海面上。

皮皮和丹丹看到在河边忙碌的嘉嘉，皮皮："嘉嘉，快过来这边玩啊！河边有什么好玩的。"

嘉嘉："你们来得正好，快来帮帮我吧！"

丹丹："你往河里撒盐做什么？"

嘉嘉："我就是想让你们帮我往河里撒盐，这样河水就能变得像死海那样了！多棒啊！"

皮皮："嘉嘉，咱们这里的河水是流动的，放进去多少盐都不会变成死海的。"

沸水底下"藏着冰"

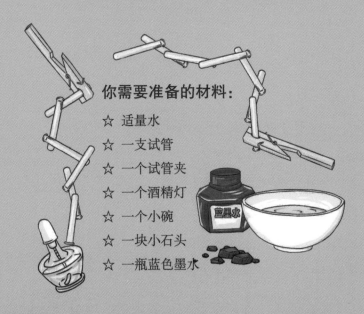

你需要准备的材料：

☆ 适量水

☆ 一支试管

☆ 一个试管夹

☆ 一个酒精灯

☆ 一个小碗

☆ 一块小石头

☆ 一瓶蓝色墨水

◎实验开始：

1. 把清水倒入碗中，并滴上几滴蓝色墨水，让水变成蓝色，然后再把碗放入冰箱里冷冻，第二天再拿出来用；

2. 把冰从碗里拿出来，把冰敲碎，取出一小块放入试管中，再把小石头放入试管中，然后向试管中加入适量的水；

3. 用试管夹夹住试管，用酒精灯加热试管上半部分，几分钟后，你发现了什么？

第二天

◎有趣的发现：

当你夹着试管夹在酒精灯上加热时，几分钟后，试管里面的水就沸腾了，但是试管里面蓝色的冰却还没有融化。

看到这一现象，嘉嘉大呼："天啊！水都沸腾了，冰居然还没有融化！真是太神了！孔墨庄叔叔，这是怎么回事啊？"

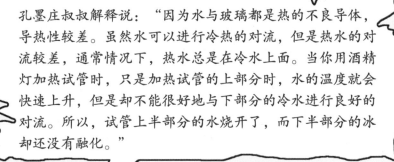

孔墨庄叔叔解释说："因为水与玻璃都是热的不良导体，导热性较差。虽然水可以进行冷热的对流，但是热水的对流较差，通常情况下，热水总是在冷水上面。当你用酒精灯加热试管时，只是加热试管的上部分时，水的温度就会快速上升，但是却不能很好地与下部分的冷水进行良好的对流。所以，试管上半部分的水烧开了，而下半部分的冰却还没有融化。"

水是生命之源

在地球上，哪里有水，哪里就有生命。一切生命活动都起源于水。人体内的水分，大约占到体重的60%～70%。植物体内含有的水约占其体重的75%，有些蔬菜的含水量可达其体重的90%～95%，一些水生植物的含水量甚至可达到98%以上。由此可见，水在生物体的生命活动中发挥着重要的作用。它可以帮助植物输送养分；可以使植物枝叶保持婀娜多姿的形态；水还会参与植物的光合作用，制造有机物；水的蒸发，可以使植物保持稳定的温度不致被太阳灼伤。

嘉嘉："皮皮，快来帮我看一看，我重新做了一遍孔墨庄叔叔教的实验，怎么还是不成功啊？"

皮皮："我来看看。"

嘉嘉："你看，我明明是按照步骤进行的，可是冰总是融化。"

皮皮："嘉嘉，你是不是给试管底部加热了？"

嘉嘉："是啊！"

皮皮："难道你忘了只要加热上半部分吗？"

巧取水中的硬币

你需要准备的材料：

☆ 一个塑料缸

☆ 一只玻璃杯

☆ 一枚硬币

☆ 一个打火机

☆ 一根蜡烛

☆ 一个能稳固蜡烛的底座

◎实验开始：

1．先把硬币投入到塑料缸内，倒入适量的水，如果你想把硬币取出来，你会怎么做？

2．用打火机将蜡烛点燃，固定在事先放入塑料缸的底座里，然后用玻璃杯罩住蜡烛，倒扣在塑料缸里，等蜡烛熄灭后，观察会发生什么？

◎有趣的发现：

塑料缸里的水"吱吱"地往玻璃杯里钻，最后塑料缸里的水一点都没有了，而玻璃杯中装满了水，这时可以伸手把硬币取出来了，并且不会弄湿手。

皮皮好奇地问："这是为什么呢？"

孔墨庄叔叔说："蜡烛燃烧把玻璃杯中的氧气用完了，再加上燃烧后的热废气逐渐冷却，杯子中的气体体积减小，外界的压强高于杯中压强，杯外的大气压会把水压进杯子里，直到杯子内外的压强达到平衡，这样塑料缸里的水就都流到杯子里了。"

生活中的热胀冷缩现象

物体的基本性质之一就是热胀冷缩，气体同样也具有这种性质，在日常生活中，很多现象都是因为热胀冷缩而产生的，比如夏天的自行车车胎不能把气打得太足；当乒乓球弄瘪之后，用热水浇到乒乓球上，瘪掉的乒乓球就会重新鼓起来等。

皮皮："孔墨庄叔叔，刚才我正走在回家的路上，兜里的硬币从口袋中跳出，掉进了院子里的臭水沟里，该怎么办呢？"

孔墨庄叔叔："大家帮他想想该怎么办呢？"

嘉嘉："那只好委屈自己用手掏出来了，要不戴上一副手套吧？"

丹丹："哈哈！"

"倒不出来" 的水

你需要准备的材料:

☆ 一个水杯

☆ 适量水

☆ 一张纸

◎实验开始:

1．在水杯中灌满水;

2．用纸盖住水杯，注意要盖严;

3．一只手拿起水杯，另一只手轻轻放在盖杯子的纸上，然后将杯子倒扣过来，再轻轻挪开盖纸的手，你发现了什么?

◎ 有趣的发现：

当你挪开手时，杯中的水并没有流出来，而是被纸挡住，无法倒出来。

皮皮看到杯中水并没有流出来，十分吃惊："天啊！这也太神奇了！这纸居然把水给挡住了！孔墨庄叔叔，这到底是怎么回事啊？"

孔墨庄叔叔说："这是因为大气压力的作用，所以杯中的水才无法倒出来！"

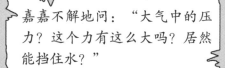

嘉嘉不解地问："大气中的压力？这个力有这么大吗？居然能挡住水？"

孔墨庄叔叔解释说："那是当然。这个杯子中的水对纸片产生了压力，外面的大气也对纸片所产生的压力，比杯子里的水对纸的压力还要大。当你把杯子倒过来的时候，水就无法流出来。"

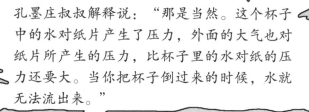

压　力

　　两个物体相互接触挤压发生形变而产生的力，就是压力。如果在一个点上施加压力，在压力不变的情况下，物体受力面积越小，压力的效果就越明显。

　　丹丹："嘉嘉，你怎么了？不舒服吗？"

　　嘉嘉："我浑身都疼！"

　　丹丹："怎么回事啊？要不要去看医生？皮皮，你快来呀！嘉嘉生病了。"

　　嘉嘉："没关系，我就是觉得身边的压力好大，'压'得我浑身都难受。"

　　丹丹一脸无奈。

"浸不湿" 的手帕

你需要准备的材料:

☆ 一块手帕

☆ 一个玻璃杯

☆ 适量水

☆ 一个盆子

◎ **实验开始:**

1. 将手帕紧紧塞进一个玻璃杯的杯底;

2. 往盆子中倒入水,水的高度要高于玻璃杯的高度;

3. 把杯子倒过来,垂直将倒扣的杯子放入水盆中,你发现了什么?

◎有趣的发现：

虽然水能没过水盆中的杯子，但是当把水杯倒扣放入水中后，再将水杯拿出来，你会发现里面的手帕居然没有湿。

丹丹看着干手帕，不解地问："孔墨庄叔叔，这是怎么回事啊？手帕都没有湿，而且杯子里面的水只上升一小截的高度，就再也不继续上升了！这是为什么啊？"

孔墨庄叔叔解释说："这是因为水杯里面的空气在作怪！当你把倒扣的水杯垂直放入水中时，里面的空气就会对进入杯子里的水有一个阻挡力。这样，水上升到一定高度就无法再继续上升了，自然也就碰触不到杯子里面的手帕了，手帕也就不会湿了。"

为什么人在水中要靠氧气瓶呼吸

人在进入水中后，几乎不能呼吸，只能靠氧气瓶，这是为什么呢？原来，虽然水中会因为水中植物的光合作用含有一部分氧气，但人是用肺部呼吸的，而肺部只能与空气中的氧气直接进行交换，无法像鱼类的腮那样能提取出溶解于水中的氧气。因此对于人来说，到了水里只能靠氧气瓶呼吸。

皮皮："嘉嘉，你怎么拿着一条湿漉漉的手帕？你要做什么？"

嘉嘉："我本想再重复一下实验，可是失败了！"

皮皮："呵呵，你是不是把杯子斜着放进去的。"

嘉嘉："你怎么知道的？"

皮皮："因为我刚才也弄湿了一条手帕。"

神秘的 "肥皂泡"

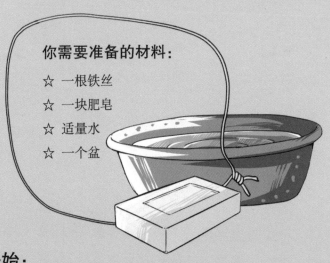

你需要准备的材料：

☆ 一根铁丝

☆ 一块肥皂

☆ 适量水

☆ 一个盆

◎ 实验开始：

1．用铁丝做成一个立方体，最好在一条边上留出一个手把，这样方便观察；

2．用肥皂调成肥皂水；

3．将你做好的立方体放入肥皂水中，然后拿出来，你在立方体上看到了什么？如果改变立方体的结构，又会发生什么变化呢？

◎有趣的发现：

把立方体浸入肥皂水中，再拿出来，就能看到铁丝上有肥皂泡形成的平面，若是改变立方体的结构，这些肥皂泡也会跟着变化。

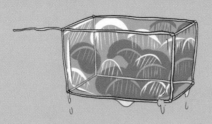

丹丹看着这些肥皂泡，赞叹："哇，好漂亮啊！孔墨庄叔叔，这些肥皂泡怎么不破呢？"

孔墨庄叔叔解释说："这些铁丝上的肥皂泡之所以不会破，就是因为它附着在铁丝表面的时候，为了尽可能地减少能量的消耗，这些泡泡的表面积会缩小，也就是能量消耗最少的时候，它的面积最小。"

美丽的肥皂泡

之所以会有美丽的肥皂泡，也和水的表面张力有关。在吹泡泡的时候，泡泡之所以不会破，就是因为受到表面张力的作用，这时在肥皂溶液中，分子与分子之间的牵引力更大，但是泡泡的大小是有一定范围的，若是泡泡太大，超过了分子之间牵引力所承受的范围，泡泡就会破裂。

丹丹在用肥皂水吹泡泡，嘉嘉走过去，看到丹丹的肥皂水已经没有多少了，说："丹丹，我帮你再弄一些水吧，你的肥皂水都快没有了。"

丹丹："好呀！谢谢你嘉嘉，弄好了咱们一起玩。"

嘉嘉灌好水后，试着吹泡泡，可是怎么也吹不出来："丹丹，我怎么吹不出来泡泡啊？"

丹丹看了看嘉嘉手中的肥皂水，说："嘉嘉，你是不是直接加的水，没有加肥皂？"

嘉嘉："已经是肥皂水了，还用加肥皂做什么？"

玻璃上的 "美丽冰花"

你需要准备的材料：

☆ 一杯热水

☆ 一块玻璃

☆ 冰箱

◎ 实验开始：

1．将玻璃放在热水上，直到玻璃上粘上水汽为止；

2．马上将粘上水汽的玻璃放入冰箱的冷冻室中，几分钟之后取出；

3．当你把玻璃从冰箱中取出后，观察玻璃，你发现了什么？

◎有趣的发现：

当你把玻璃片从冰箱取出来后，你就会发现，玻璃片上结了一层冰。

"咦？怎么会这样呢？这玻璃上怎么还开花了呢？"嘉嘉看着玻璃上的冰花不解地问。

孔墨庄叔叔解释说："之所以会形成冰花，是因为玻璃放在热水上，玻璃上沾有热的水汽，这时如果把玻璃放入冰箱，这些水汽就会遇冷结冰，出现很好看的冰花。冬天的时候，窗户上形成的冰花也是这个原理。"

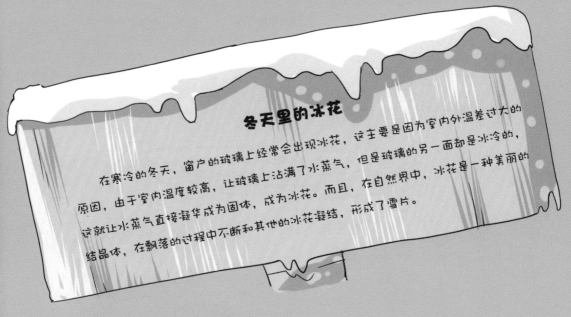

在寒冷的冬天，窗户的玻璃上经常会出现冰花，这主要是因为室内外温差过大的原因。由于室内温度较高，让玻璃上沾满了水蒸气，但是玻璃的另一面却是冰冷的，这就让水蒸气直接凝华成为固体，成为冰花。而且，在自然界中，冰花是一种美丽的结晶体，在飘落的过程中不断和其他的冰花凝结，形成了雪片。

嘉嘉："啊！丹丹，这也太恐怖了，为什么孔墨庄叔叔冻出来的冰花这么好看，我的却是这个样子？"

丹丹看了看嘉嘉手中拿着一坨不能算是冰花的东西，说："嘉嘉，你是不是在玻璃上泼水了？"

嘉嘉："是啊！我想这样冻出来的冰花应该更大一些，可是没想到却成了这样。"

丹丹无语中……

"漂在水上" 的火焰

你需要准备的材料：

☆ 一根蜡烛

☆ 一块硬币

☆ 一个玻璃杯

☆ 一盒火柴

☆ 适量水

◎ 实验开始：

1. 先将蜡烛粘在硬币上，然后将它们都放入玻璃杯中；

2. 往玻璃杯中灌水，直到与蜡烛一样高为止。

◎有趣的发现：

点燃蜡烛后，蜡烛并没有熄灭，而是燃烧起来，看起来就像水中飘着火焰一样。

看到这一现象，皮皮兴奋地叫起来："啊！水火居然共存了！孔墨庄叔叔，这到底是怎么回事啊？难道火不怕水吗？"

孔墨庄叔叔解释道："火当然是怕水的，但是在这个试验中，蜡烛在水里有它的'小武器'。你可以看一看，水面上飘着一层蜡油，就是因为这些蜡油，才让火焰避免了被水熄灭。由于蜡的密度比水要小，所以蜡油会浮在水面上，当蜡烛在燃烧的时候，蜡油就会逐渐形成一道隔水层，这样灯芯就不会熄灭，于是就出现了这一现象。"

水与火

常言道：水火不相容。这主要是因为，燃烧有三个条件：一个是可燃物，一个是助燃物，还有就是温度要达到着火点，三者缺一不可。而助燃物就是空气，但是，通过上面的叙述，空气难溶于水，所以，当火碰到水的时候就会熄灭，因为水毁掉了燃烧的一个必要条件。

嘉嘉："皮皮，快来帮帮我，我怎么都点不着这个蜡烛。"

皮皮："我来试一试。"

皮皮本想去点蜡烛，可是嘉嘉居然把蜡烛放在了水里，只把灯芯留在了外面。

皮皮："嘉嘉，你确定想要把蜡烛点燃吗？"

嘉嘉："是啊！不是说蜡烛可以在水里点燃吗？"

皮皮："那也不能把蜡烛全部放进水里啊！"

会 "走" 的杯子

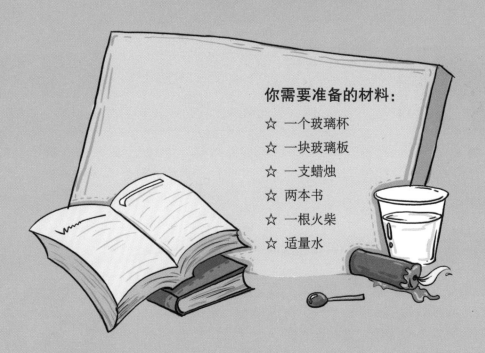

你需要准备的材料：

☆ 一个玻璃杯

☆ 一块玻璃板

☆ 一支蜡烛

☆ 两本书

☆ 一根火柴

☆ 适量水

◎实验开始：

1. 先将玻璃板在水中浸泡，然后放在桌子上，一边用书垫高约5厘米，让玻璃板成为一个斜坡；

2. 将玻璃杯的杯口沾一些水，然后倒扣在玻璃板上；

3. 把蜡烛点燃，用蜡烛烧玻璃杯的底部，你发现了什么现象？

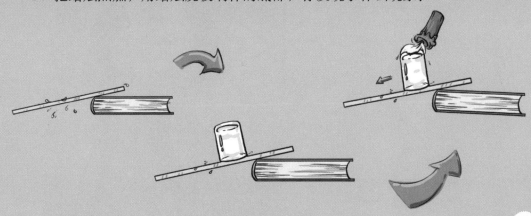

◎有趣的发现：

当你用蜡烛烧玻璃杯底部的时候，你会发现，玻璃杯居然开始慢慢地向下移动。

"快看，快看！玻璃杯会自己'动'了！"嘉嘉大声说。

看到这一现象，皮皮也不禁惊叹："杯子真的自己移动了！太神奇了！孔墨庄叔叔，这是怎么回事啊？"

孔墨庄叔叔解释说："杯子之所以会自己移动，是因为蜡烛烧杯子底部的时候，杯子内部的空气会因为加热而开始膨胀，开始往外挤压，但是，由于杯子是倒扣着的，而且杯口和玻璃板上都沾有水，里面的空气都被水封闭起来了。所以，杯子里的空气要想跑出来，只能把杯子顶起来一点，这样，杯子就会因为重力的作用开始往下滑，你就看到了移动的杯子。"

饮水不健康的危害

喝水也是一门学问，有不少疾病都是因为水质不良导致的，所以，在日常生活中，时间超过三天的桶装水或瓶装水一定不能多喝，这会导致人体细胞新陈代谢减慢，影响人体的生长发育，加速人体衰老。

皮皮："嘉嘉，你说要是再重一点的东西，还能自己在玻璃上'走'吗？"

嘉嘉："不知道！要不，咱们试一试？"

皮皮："好啊！拿什么试啊？"

嘉嘉："其实，我早就想用这个东西来试一试了！"

只见嘉嘉从书包里拿出了一块砖头。皮皮顿时一脸无奈。

"不湿手" 的水

你需要准备的材料：

☆ 一杯水

☆ 一袋胡椒粉

◎ 实验开始：

1. 将杯子灌满水，并往水里撒上胡椒粉，让胡椒粉覆盖住水面；

2. 用手指快速地触碰水面，你发现了什么？

胡椒粉

◎有趣的发现：

当你用手指接触水面的时候，会发现自己的手指居然没有被水打湿。

嘉嘉一边碰着水面，一边问："怎么回事？手指为什么不会湿啊？孔墨庄叔叔，这也太神奇了！"

孔墨庄叔叔解释说："你的手指之所以不会被水打湿，就是因为胡椒粉。当你往水面上撒上胡椒粉后，会增强水的表面张力，水分子会紧紧地粘在一起，在水面上形成一层水膜，这时，当你的手去触碰水面的时候，就不会被水打湿。"

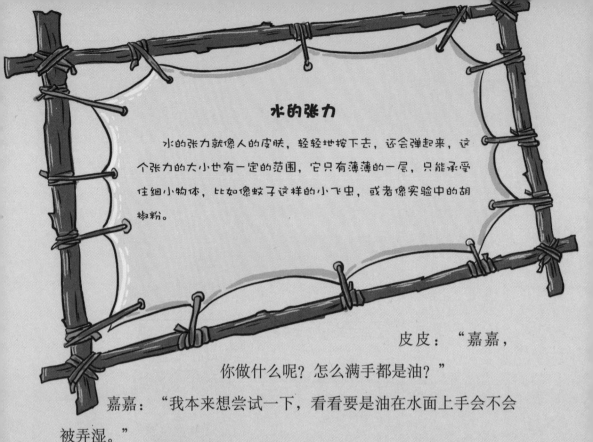

水的张力

　　水的张力就像人的皮肤，轻轻地按下去，还会弹起来，这个张力的大小也有一定的范围，它只有薄薄的一层，只能承受住细小物体，比如像蚊子这样的小飞虫，或者像实验中的胡椒粉。

　　皮皮："嘉嘉，你做什么呢？怎么满手都是油？"

　　嘉嘉："我本来想尝试一下，看看要是油在水面上手会不会被弄湿。"

　　皮皮："结果呢？"

　　嘉嘉："结果的确没湿，但是弄了一手的油。"

蒸汽 "托起" 小水滴

你需要准备的材料：

☆ 一个平底锅

☆ 适量水

◎实验开始：

1. 将平底锅放在火上加热；

2. 向平底锅里滴上几滴水，在水蒸发的过程中，你发现了什么？

◎有趣的发现：

当刚把水滴入热锅中，水滴都会一直漂浮在锅底，而且不停地滚动，最后水滴逐渐蒸发。

"咦？这水滴为什么一直都是小水滴状呢？"丹丹不解地问。

孔墨庄叔叔解释说："这是因为蒸发所产生的压力的原因。当水滴接触到已经很热的平底锅时，水滴底部的水分就已经开始蒸发了，因为蒸发所产生的压力会将水滴托起来，这样，你就看到了一直浮在锅底的水滴。"

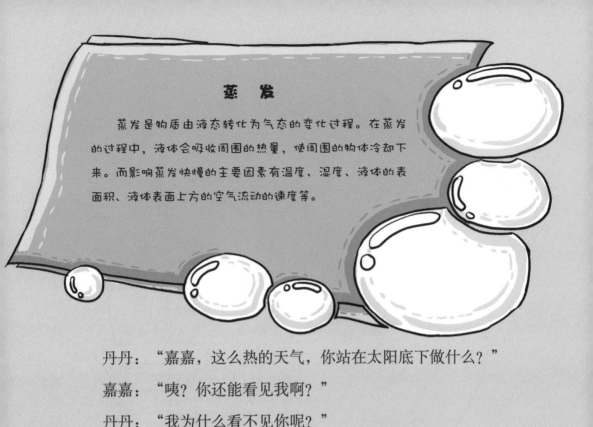

蒸 发

蒸发是物质由液态转化为气态的变化过程。在蒸发的过程中，液体会吸收周围的热量，使周围的物体冷却下来。而影响蒸发快慢的主要因素有温度、湿度、液体的表面积、液体表面上方的空气流动的速度等。

丹丹："嘉嘉，这么热的天气，你站在太阳底下做什么？"

嘉嘉："咦？你还能看见我啊？"

丹丹："我为什么看不见你呢？"

嘉嘉："我都站在太阳底下那么长时间了，我还以为自己已经蒸发了呢！"

丹丹："……"

水往高处"爬"

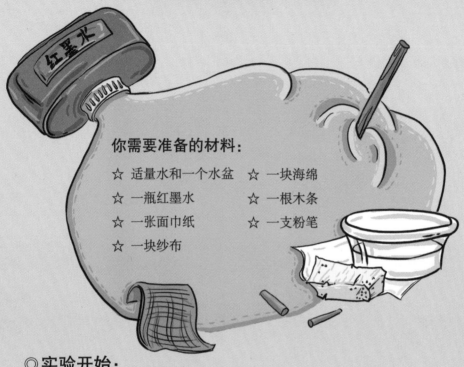

你需要准备的材料：

☆ 适量水和一个水盆   ☆ 一块海绵

☆ 一瓶红墨水   ☆ 一根木条

☆ 一张面巾纸   ☆ 一支粉笔

☆ 一块纱布

◎ 实验开始：

1. 在水盆里盛半盆清水，滴入红墨水，整盆清水呈现浅红色；

2. 将面巾纸、纱布、海绵、木条、粉笔的一端放入水中，轻轻向上提，发现了什么？

◎有趣的发现：

红墨水沿着面巾纸、纱布、海绵、木条、粉笔向上浸润，其中在面巾纸中上升的速度最快。

嘉嘉好奇地问："太神奇了，为什么会这样呢？"

孔墨庄叔叔拿起面巾纸说："小家伙们，秘密在这里，你们仔细看这张纸上有很多小孔隙，当它们的一部分浸到水中，水就会沿着孔隙上升。"

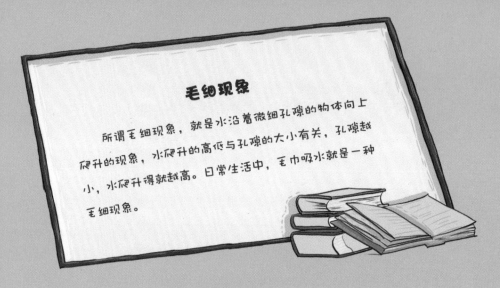

毛细现象

所谓毛细现象，就是水沿着微细孔隙的物体向上爬升的现象，水爬升的高低与孔隙的大小有关，孔隙越小，水爬升得就越高。日常生活中，毛巾吸水就是一种毛细现象。

嘉嘉："孔墨庄叔叔，我们生活中是不是有好多毛细现象？"

孔墨庄叔叔："小家伙们给叔叔说说，生活中哪些现象说明'水往高处爬'！"

丹丹："比如平时洗脸的时候，把干的毛巾放入水中，毛巾会慢慢地向上变湿。"

皮皮："写作业时墨水不小心滴在本子上，用粉笔'吸干'。"

孔墨庄叔叔："嘉嘉，该你了！"

嘉嘉揉揉脑袋："自来水龙头流水……不对啊，真讨厌，不跟你们玩了！"

"水""酒"拔河赛

你需要准备的材料:

☆ 一个乳白色底的瓷盆

☆ 适量水

☆ 一瓶蓝墨水

☆ 一支滴管

☆ 一瓶酒精

☆ 一个塑料杯

◎实验开始:

1．往塑料杯中装入半杯清水，并滴入几滴蓝墨水，让杯中的水变成淡蓝色；

2．将这半杯淡蓝色的水倒入乳白色底的瓷盆中；

3．用滴管取少量的酒精，滴入瓷盆的中心位置，你会发现什么呢?

蓝墨水

酒精

◎有趣的发现：

当你把酒精滴入瓷盆后，你就会发现，酒精和水之间有一条十分明显的界线，就像拔河一样，酒精向里拉，而淡蓝色的水则向外拉。

皮皮问："孔墨庄叔叔，为什么会出现这种现象呢？"

孔墨庄叔叔解释说："这主要是因为当酒精滴入水里后，破坏了水的张力。上面已经说过了，水是具有张力的，在没有滴入酒精之前，水面上的张力在各个方面都是相等的，但是，当酒精介入后，就会破坏水中平衡的张力。由于水的表面张力比酒精要大，所以水就会从各个方面把酒精拉走。这样，你就会看到盆底露出一块既没有水也没有酒精的部分，就好像水和酒精在拔河一样。"

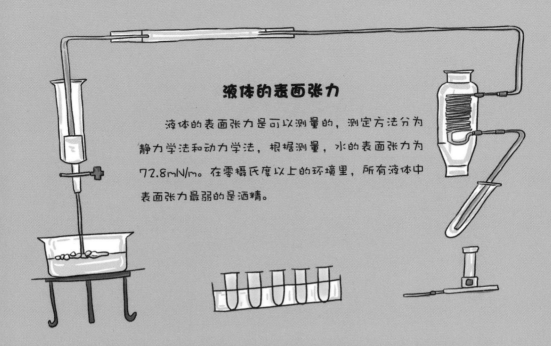

液体的表面张力

液体的表面张力是可以测量的，测定方法分为静力学法和动力学法，根据测量，水的表面张力为72.8mN/m。在零摄氏度以上的环境里，所有液体中表面张力最弱的是酒精。

丹丹："哪里飘来的酒味？皮皮、嘉嘉，你们在做什么？"

嘉嘉："我们在做新的实验。"

皮皮："是的，我们想看看，如果水在酒精里面会不会也拔河！"

丹丹："你们又把孔墨庄叔叔的酒精拿来用了吧？"

把水拧成 "绳"

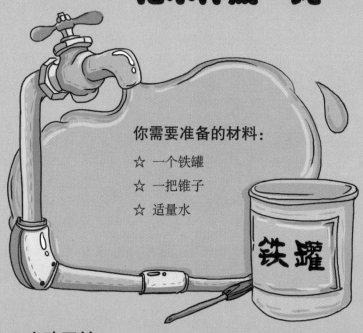

你需要准备的材料：

☆ 一个铁罐

☆ 一把锥子

☆ 适量水

◎实验开始：

1. 用锥子在铁罐的底部钻5个小孔，每个小孔之间间隔5毫米左右；

2. 往铁罐中灌水时，水就会顺着罐底的5个小孔往下流，形成5股水流；

3. 用大拇指和食指将这些水流捻合在一起，你发现了什么？

◎有趣的发现：

当你用大拇指和食指接触铁罐底部时，这5股水流就会变成一股更大的水流下来。

"咦？难道这些水真的被拧成'绳子'了吗？"嘉嘉看到这一现象后，不解地问。

孔墨庄叔叔说："当然不是，其实这是水的张力在作怪。当你用手接触到铁管底部的这些小孔后，就会破坏原来各个小孔的水的张力，让这些小孔的水汇成一股流出来。如果手在远离铁盒底部的这些小孔时，你会发现，水又会分为5股流出来。"

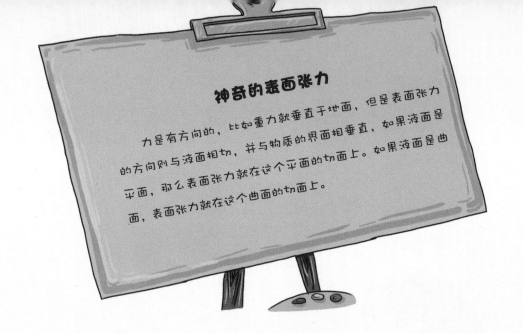

神奇的表面张力

力是有方向的，比如重力就垂直于地面，但是表面张力的方向则与液面相切，并与物质的界面相垂直，如果液面是平面，那么表面张力就在这个平面的切面上。如果液面是曲面，表面张力就在这个曲面的切面上。

皮皮："嘉嘉，你不会又用油来做实验吧？"

嘉嘉："是的！我想看看油能不能像水一样，也拧成'绳'。"

皮皮："你得到结果了吗？"

嘉嘉："没有！感觉手黏糊糊的，这个实验我做不下去了。"

"贪吃" 的牙签

你需要准备的材料：

☆ 若干牙签

☆ 适量清水

☆ 一个盆

☆ 一块肥皂

☆ 若干方糖

◎ 实验开始：

1．往盆中灌水，水的高度大约在盆高的二分之一处即可；

2．将牙签小心地放进水里，然后把准备好的方糖，放在水里离牙签较远的地方，观察牙签的变化；

3．换一盆水，小心地将牙签放在水面上，把肥皂放入水盆中离牙签较近的地方，观察牙签的变化。

◎有趣的发现：

当水中放入方糖的时候，牙签会向方糖的方向移动；而当盆中放入肥皂后，即使离牙签很近，牙签也没有向肥皂的方向移动。就好像牙签知道哪个东西好吃一样。

嘉嘉看着移动的牙签，不禁笑着说："原来牙签也和我一样喜欢吃糖啊！哈哈！"

孔墨庄叔叔说："牙签当然不是因为贪吃，才'追'着糖去的。牙签之所以会往方糖的方向移动，是因为方糖在进入水中后，会吸收一部分水，让平静的水面上产生很小的水流，因此牙签才会跟着移动。肥皂进入水盆中时，也会打破水的表面张力，但是有肥皂的液体表面张力比没有肥皂的液体表面张力要弱，所以，牙签没有被'拽'到肥皂的地方。"

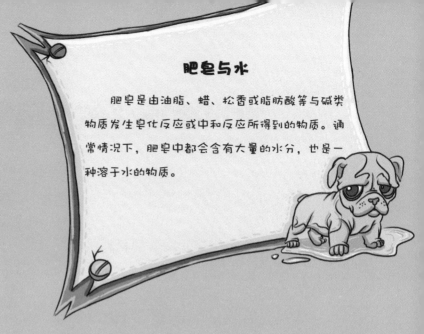

肥皂与水

肥皂是由油脂、蜡、松香或脂肪酸等与碱类物质发生皂化反应或中和反应所得到的物质。通常情况下，肥皂中都会含有大量的水分，也是一种溶于水的物质。

皮皮和丹丹打算再做一次实验，嘉嘉在一旁说："别用牙签做实验了。"

丹丹："那用什么啊？"

嘉嘉："用我吧！我比牙签对糖更敏感！"

皮皮、丹丹："……"

水也能当"放大镜"

你需要准备的材料：

☆ 适量水

☆ 一卷保鲜膜

☆ 一个大碗

☆ 彩色珠子若干

◎ 实验开始：

1. 将彩色的珠子放入大碗，并用保鲜膜封住碗口；

2. 用手轻轻地把碗口的保鲜膜往下按，让保鲜膜变成倒锥形；

3. 把水倒在保鲜膜上，通过水来观察碗里的物体，你发现了什么？

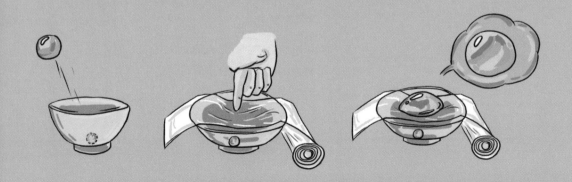

◎有趣的发现：

当你透过水往碗里看时，你会发现水就像放大镜一样，碗里的彩色珠子竟然变大了很多。

皮皮边看边说："快来看啊！这个彩色的珠子变大了！原来水这么神奇啊！居然还能当放大镜！"

孔墨庄叔叔解释说："碗里的彩色珠子会变大，确实是水的'功劳'，当然，也离不开咱们用保鲜膜做的倒锥形。水和呈倒锥形的保鲜膜构成一个'凸透镜'，也就是放大镜，当你透过这个凸透镜观察时，碗里的物体自然就会'变大'了。"

凸透镜

凸透镜其实就是放大镜，它是根据光的折射原理制成的。所谓凸透镜，就是中间较厚、两边较薄的透镜，凸透镜具有将物体放大的本事。虽然人眼睛的构造就相当于是一个凸透镜，但是人的眼睛却不能将物体放大。

皮皮："嘉嘉，在想什么呢？"

嘉嘉："我在想怎么把水放在凸着的薄膜上。"

皮皮："这怎么可能！除非把水粘在凸着的薄膜下边。"

嘉嘉："对哦！可是我怎么才能把水粘住呢？"

皮皮："……"

"不怕冷" 的眼镜

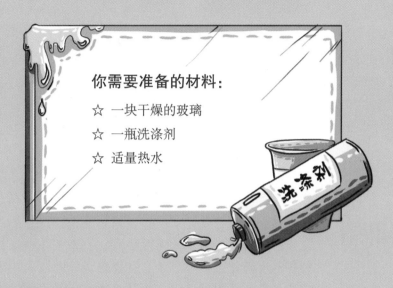

你需要准备的材料：

☆ 一块干燥的玻璃

☆ 一瓶洗涤剂

☆ 适量热水

◎ 实验开始：

1. 将洗涤剂涂抹在干燥的玻璃上，只涂抹玻璃的一面；

2. 将涂抹洗涤剂的那一面朝下，放在热水上，几分钟后，你发现了什么？

正面

背面

◎有趣的发现：

过了几分钟后，涂抹洗涤剂的一面玻璃上没有出现水雾，而没有涂抹的另一面已经布满了水雾。

"嗯？这个是怎么回事？难道洗涤剂还能防雾吗？"嘉嘉不解地问。

孔墨庄叔叔解释说："洗涤剂确实具有这个功能。当玻璃片遇到水蒸气后，水蒸气遇冷就会形成小水珠，小水珠在水表面张力的作用下，就会形成球形或者半球形，当遇到光线照射时，看上去就是雾蒙蒙的。而涂上了洗涤剂之后，洗涤剂就会降低水的表面张力，使得水蒸气无法在玻璃上形成水珠，而是形成一层水膜，这样你就会看到涂有洗涤剂的玻璃面没有水珠的现象。"

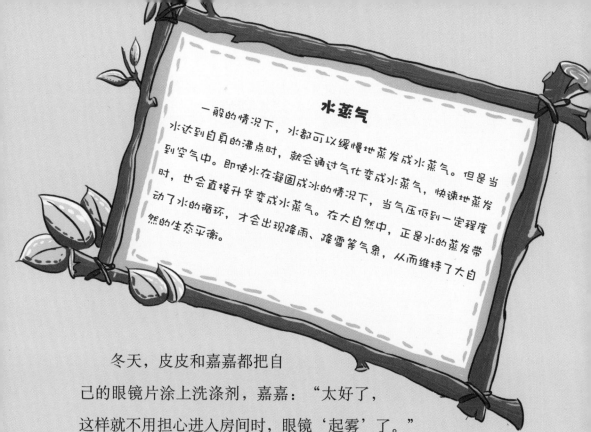

水蒸气

一般的情况下，水都可以缓慢地蒸发成水蒸气。但是当水达到自身的沸点时，就会通过气化变成水蒸气，快速地蒸发到空气中。即使水在凝固成冰的情况下，当气压低到一定程度时，也会直接升华变成水蒸气。在大自然中，正是水的蒸发带动了水的循环，才会出现降雨、降雪等气象，从而维持了大自然的生态平衡。

冬天，皮皮和嘉嘉都把自己的眼镜片涂上洗涤剂，嘉嘉："太好了，这样就不用担心进入房间时，眼镜'起雾'了。"

皮皮："是啊！"

当两个人进到屋里，皮皮的眼镜很正常，但是嘉嘉的眼镜还是"起雾"了，嘉嘉还因此摔了一跤。

嘉嘉揉着摔疼的屁股，问："咱们都涂了洗涤剂，为什么我的眼镜还是'起雾'了呢？"

皮皮："你是不是只涂了镜片的一面啊？"

嘉嘉："你怎么知道？"

皮皮："……"

水中冒"青烟"

你需要准备的材料：

☆ 一个大的广口玻璃瓶

☆ 一个普通的小瓶子

☆ 一瓶蓝墨水

☆ 塑料薄膜

☆ 一捆细线

☆ 一根针

◎实验开始：

1．将大的广口玻璃瓶中装上水，水的高度大约在瓶身的三分之二处即可；

2．在小瓶子中滴上一些墨水，然后再向小瓶中加入热水，并用塑料薄膜将瓶口封紧；

3．用两根对称的细线拴住小瓶子，并用针在塑料薄膜上扎两个小孔；

4．用手提着拴住瓶子的细绳，将小瓶子轻轻地放入大瓶子的瓶底，使水没过小瓶，你看到了什么现象呢？

◎有趣的发现：

当你将小瓶子放入大瓶子的瓶底后，小瓶子口上的小孔就会连续不断地升起蓝色的水珠，就像青烟一样笔直地冲向水面，又在水面四处散开。

看到这一现象，丹丹惊喜地说："哇！太漂亮了！孔墨庄叔叔，这是什么原理啊？"

孔墨庄叔叔解释说："其实咱们之前也做过类似的实验，因为小瓶子里的墨水是热的，大瓶子里的水是冷水，热水总是在水面上方，所以当这个热墨水进入冷水中后，就会自己'跑'出来，不断地上升、扩散，而周围的冷水不停地过来补充，从而形成对流。"

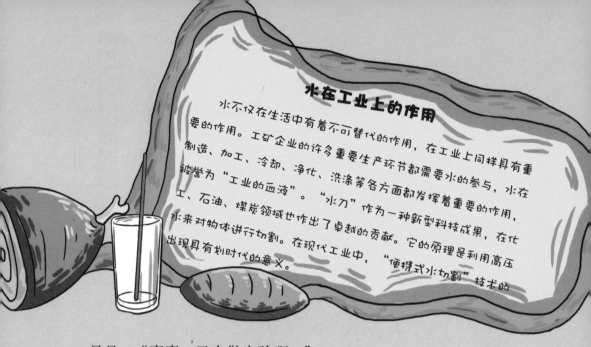

水在工业上的作用

水不仅在生活中有着不可替代的作用，在工业上同样具有重要的作用。工矿企业的许多重要生产环节都需要水的参与，水在制造、加工、冷却、净化、洗涤等各方面都发挥着重要的作用，被誉为"工业的血液"。"水刀"作为一种新型科技成果，在化工、石油、煤炭领域也作出了卓越的贡献。它的原理是利用高压水来对物体进行切割。在现代工业中，"便携式水切割"技术的出现具有划时代的意义。

丹丹："嘉嘉，又在做实验啊？"

嘉嘉："是啊！丹丹，你来得正好，帮我看看为什么我的喷泉总是喷一下就不喷了呢？"

丹丹看了看嘉嘉的实验构造，说："嘉嘉，你是不是一直都用电炉给水加热啊！"

嘉嘉："是啊！我这样是为了防止水温下降啊！"

丹丹："你难道忘了大瓶子里的水也会被加热吗？"

嘉嘉："哎呀！我给忘了！难怪刚才的水这么烫呢！"

宣纸上的"浮水"印

你需要准备的材料：

☆ 一个脸盆

☆ 一张宣纸

☆ 一双筷子

☆ 若干棉签

☆ 一瓶蓝色墨水

☆ 一桶水

蓝色

◎**实验开始：**

1．往脸盆中倒入半盆水，并用蘸了墨汁的筷子轻轻地触碰一下水面，在水面上就会出现一个蓝色的圆形图案；

2．拿出棉签，摩擦一端的棉花，然后用这一端轻轻触碰一下水面上蓝色的圆形图案，你会看到什么现象呢；

3．把宣纸放在水面上，然后慢慢拿起，纸上又会印出什么图案呢？

◎有趣的发现:

用棉签接触水面后,蓝色的圆形图案就会变成一个不规则的图案,当把宣纸放在水面上时,宣纸上就会出现不规则的图案。

嘉嘉看到这些现象,不解地问:"孔墨庄叔叔,这个实验能说明什么呢?"

孔墨庄叔叔解释说:"这其实是一个证明表面张力的实验。当棉签接触到水面的图案后,墨汁就会被扩展成一个不规则的圆圈图形,这是因为当你用手摩擦棉签一头的棉花时,棉花上粘上了你手上的油渍,这就会影响水分子相互之间的拉引力,导致水印呈现不规则的同心圆图形。"

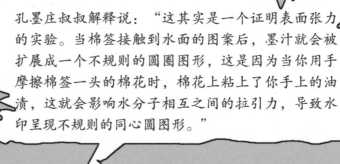

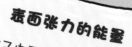

表面张力的能量

分布在液体表层的分子由于所受的引力并不均衡，因而产生了一种表面张力，这种张力可以沿着物体的表面作用在任何界线上。雾化的水分，表面积被隙之扩大了，其内部更多的水分子就会移动到表面。而水分子移动到表面的过程就是克服这种力的过程，因此会产生更多的能量。由此可见，这样的分散体系便于储存更多的表面能。

皮皮："嘉嘉，你说要是用普通的纸放在水面上会出现什么图案呢？"

嘉嘉："颜色应该不会很明显吧！"

皮皮："我们试试不就知道了？"说着，就从书包里掏出一张纸，放到水面上了。

嘉嘉迅速捡起那张纸，无奈地说："这是你的试卷！"

水下吐"烟圈"

你需要准备的材料：
- ☆ 一个空的眼药水瓶
- ☆ 适量水
- ☆ 一瓶蓝墨水
- ☆ 一个脸盆

◎**实验开始：**

1. 向空的眼药水瓶中加入水，并滴上几滴蓝色的墨水；

2. 用左手拿稳眼药水瓶，把尖口伸进脸盆的水中，不要移动，直到水盆中的水静止不动为止；

3. 用右手快速地按一下眼药水瓶的盖子，但不要移动眼药水瓶，你发现了什么？

◎有趣的发现：

当挤压眼药水瓶的橡皮帽时，在水中就会出现一个美丽的蓝色"烟圈"，并在水中"游"动，不断地挤压橡皮帽，就会连续出现这样的"烟圈"。

嘉嘉开心地叫道："真漂亮！太神奇了！孔墨庄叔叔，这是怎么回事啊？"

孔墨庄叔叔解释说："之所以会在水中出现这种现象，是因为水下的这个'烟圈'没有受到冷热空气对流的干扰，所以，这个"烟圈"要比在空气中吐出来的更加持久。当然了'烟圈'是气流漩涡的一种形式，任何一种流体从小孔内高速地喷射出来时，都会形成一个像'烟圈'一样的漩涡，所以，你们才会看到水下'烟圈'的现象。"

漩涡是怎样产生的

当水湍急地流向低洼地带时，就会形成一个螺旋形的水涡。而形成漩涡最主要的原因就是地转偏向力，因为地球的自转产生了地转偏向力，虽然人类无法感受到这个力，但是当水流动的时候就会受到地转偏向力的影响。

皮皮："嘉嘉，你手里拿的瓶子好漂亮啊！居然是个心形的，打算用来做什么啊？"

嘉嘉："我要用它在水里吐一个心形的'烟圈'。"

皮皮："好主意！可是我看这个瓶子怎么这么眼熟啊！嘉嘉，你是从哪里找到这么漂亮的瓶子啊？"

嘉嘉："从丹丹那里啊！"

皮皮："啊！我想起来了，这是丹丹最喜欢的那瓶香水。嘉嘉，你把丹丹的香水弄哪里去了？"

嘉嘉："放心吧，里面的香水早被丹丹用完了。"

被"囚禁"的水泡

你需要准备的材料：

☆ 一个罐头瓶盖
☆ 一把锥子
☆ 一个水盆
☆ 一桶水

◎实验开始：

1．用锥子在罐头瓶盖的中心钻出一个直径为约4毫米的小孔；

2．把水盆灌满水，把瓶盖放入水中；

3．用手将瓶盖慢慢垂直提起，提到约10厘米高的时候，从小孔中流出来的水柱开始在水中激起水泡；

4．马上放低瓶盖，你发现了什么？

◎有趣的发现：

把瓶盖放低之后，刚才还不断被水柱激起的水泡，无法在水中升起来，都老老实实地待在了水下，并不断地向周围扩散。

皮皮："孔墨庄叔叔，这是怎么回事啊？为什么这些气泡这么'听话'呢？"

孔墨庄叔叔解释说："气泡之所以会这么'听话'，是因为水的冲击力抵消了水泡的浮力。"

丹丹听到孔墨庄叔叔的解释后，又接着问："那为什么这些水泡不会被水冲散呢？"

孔墨庄叔叔继续解释说："这主要是因为水柱在冲击水时是有速度的，根据流动液体速度大、压强小的原理，周围静止水的压强就会比水柱底下的压强大，这就把水泡压在了水柱底下。"

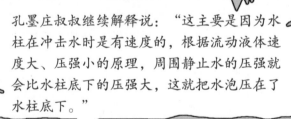

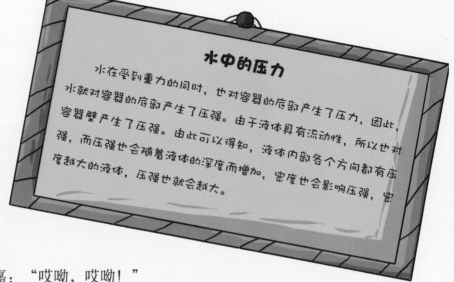

水中的压力

水在受到重力的同时，也对容器的底部产生了压力，因此，水就对容器的底部产生了压强。由于液体具有流动性，所以也对容器壁产生了压强。由此可以得知，液体内部各个方向都有压强，而压强也会随着液体的深度而增加，密度也会影响压强，密度越大的液体，压强也就会越大。

嘉嘉："哎呦，哎呦！"

丹丹："嘉嘉，你怎么了？你的手怎么放在水里啊？是不是烫着了？"

嘉嘉："没有，手没被烫着，就是水的压力压得我的手好疼啊！"

丹丹："……"

美丽的"水塔"

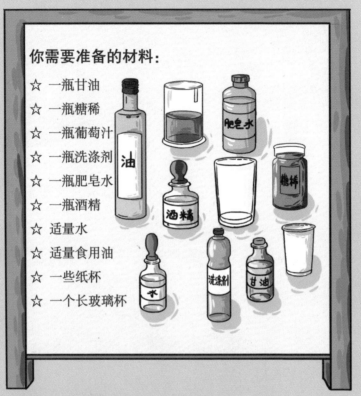

你需要准备的材料：

☆ 一瓶甘油

☆ 一瓶糖稀

☆ 一瓶葡萄汁

☆ 一瓶洗涤剂

☆ 一瓶肥皂水

☆ 一瓶酒精

☆ 适量水

☆ 适量食用油

☆ 一些纸杯

☆ 一个长玻璃杯

◎实验开始：

1. 将等量的甘油、葡萄汁、洗涤剂、酒精、糖稀、水、肥皂水、食用油等分别倒入准备好的纸杯中；

2. 按照糖稀-甘油-葡萄汁-洗涤剂-肥皂水-水-食用油-酒精的顺序，将这些液体依次倒入长玻璃杯中，不要摇动玻璃杯。你看到了什么？

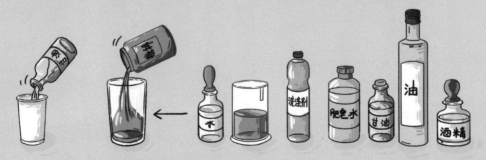

◎有趣的发现：

当将这些溶液按照顺序倒入长玻璃杯后，玻璃杯中就会出现
不同的层次，就像美丽的塔一样。

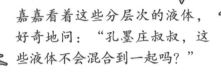

嘉嘉看着这些分层次的液体，好奇地问："孔墨庄叔叔，这些液体不会混合到一起吗？"

孔墨庄叔叔说："当然！由于这些液体的密度不同，所以才不会混合。就算你摇晃玻璃瓶，当它们静止后，仍是会分出不同的层次。密度最大的液体会沉在最下层，密度最小的液体就会浮在最上层。"

密度

密度是用来描述物体在单位体积下的质量，是一个物理量。我们平时所说的"轻""重"，指的就是物体的密度，就像相同体积的两个物体，密度大的物体就"重"，而密度小的物体则"轻"。密度是物体的一种特性，不会随着质量、体积的变化而变化，同一种物质的密度都是相同的。水的密度值为 1000kg/m³，即 1g/cm³；它的物理意义是体积为 1 立方厘米的水的质量为 1 克。

皮皮："嘉嘉，你为什么总是在摇晃那杯水？"

嘉嘉："这里不仅仅是水，还有酒，我就是想看看它们会不会分层次。"

皮皮："嘉嘉，难道你又忘记了酒精是溶于水的吗？怎么可能会看到分层呢？你是不是又拿了孔墨庄叔叔的酒？"

会 "游泳" 的柠檬

你需要准备的材料：

☆ 一个柠檬

☆ 一个盆

☆ 一桶水

☆ 一把水果刀

◎**实验开始**：

1. 将水放入盆子中，并把柠檬放入盆中，让它漂浮在水面上；

2. 用水果刀将柠檬的皮削掉，再将它放入水中，你发现了什么？

◎ **有趣的发现：**

将柠檬皮削掉后，再放入水中，柠檬居然沉入了水底。

丹丹看到这一现象不解地问："咦？好奇怪！为什么柠檬的重量减轻了，反而会沉到水里了呢？"

孔墨庄叔叔说："这是因为柠檬皮在作怪。相信你们都认为把柠檬皮削掉后，柠檬重量减轻就应浮在水面上，可正是因为柠檬皮的缘故，柠檬才不会沉入水底，因为柠檬皮上有很多布满空气的小孔。若是把柠檬皮削掉，柠檬就会掉入水中。"

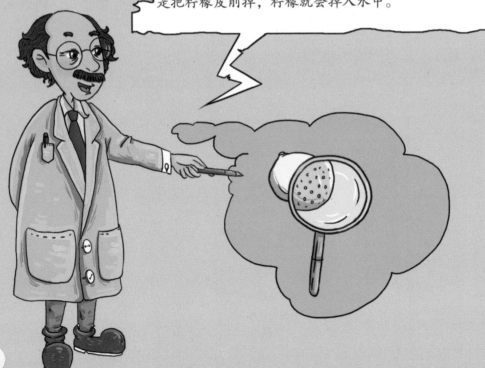

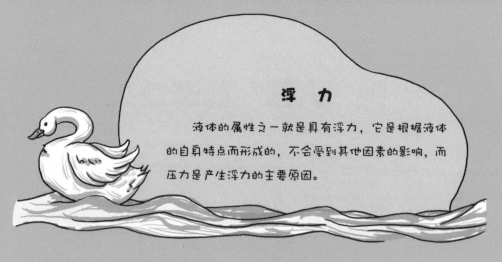

浮 力

液体的属性之一就是具有浮力，它是根据液体的自身特点而形成的，不会受到其他因素的影响，而压力是产生浮力的主要原因。

丹丹："嘉嘉，你拿我的苹果在做什么？"

嘉嘉："别着急，我会还给你的，我只不过想看看，苹果在削皮前和削皮后，是不是会浮在水面上。"

丹丹抢过苹果："我直接告诉你好了，苹果不管怎样都会沉下去的。"

嘉嘉："为什么？"

丹丹："你没看到柠檬的皮有多厚吗？苹果的皮多薄啊！肯定会沉下去的。你要是真想试一试的话，可以用你的香蕉试一试。"

嘉嘉："香蕉？那我还是不试了，我还想留着自己吃呢！"

好 "人缘" 的洗涤剂

你需要准备的材料：

☆ 一瓶洗涤剂
☆ 一个玻璃瓶
☆ 一杯清水
☆ 一瓶食用油

◎ **实验开始：**

1．向玻璃瓶中灌入半瓶清水，再加入一些食用油，食用油会浮在水面上；

2．用力摇晃玻璃瓶，让水与食用油混合，静置一会儿，油和水会分为两层；

3．向玻璃瓶中加入一些洗涤剂，摇晃玻璃瓶，再观察玻璃瓶中的溶液，你发现了什么？

◎有趣的发现：

加入洗涤剂之后再摇晃，就分不出水和油了，溶液混合在一起了。

嘉嘉摇晃这个玻璃瓶，说："孔墨庄叔叔，你是想通过这个实验告诉我们，洗涤剂可以去油吗？"

孔墨庄叔叔摇了摇头："洗涤剂去油你们肯定都知道，但是你们知道，为什么洗涤剂具有去油的功能吗？"众人都摇摇头。

孔墨庄叔叔继续说："在洗涤剂中含有一种特殊的物质，这种物质能够包围油滴，并将这些油滴均匀地分布在水中，这个作用就叫作乳化作用，这种情况下的混合溶液叫作乳油液。洗涤剂之所以能够去油，就是因为它与油和水的'关系'都还不错。"

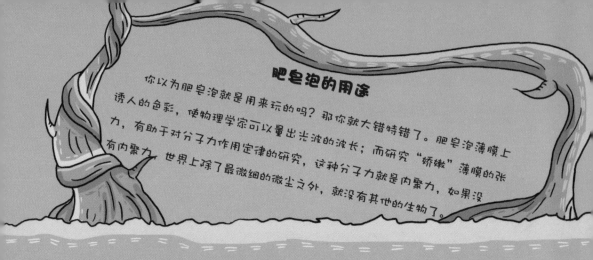

肥皂泡的用途

你以为肥皂泡就是用来玩的吗？那你就大错特错了。肥皂泡薄膜上诱人的色彩，使物理学家可以量出光波的波长；而研究"娇嫩"薄膜的张力，有助于对分子力作用定律的研究，这种分子力就是内聚力，如果没有内聚力，世界上除了最微细的微尘之外，就没有其他的生物了。

皮皮："嘉嘉，你干什么去了？身上怎么这么脏？还蹭上了好多的油！快脱下去洗一洗吧。"

嘉嘉："不用着急，反正洗涤剂能把这些污渍洗干净，我可以再穿一会儿。"

皮皮："嘉嘉，虽然洗涤剂能洗掉污渍，但是像你身上这些污渍，如果不赶紧用热水泡一泡的话，相信你这身衣服都不会再干净了。"

会"跳舞"的葡萄干

你需要准备的材料：

☆ 一个透明的玻璃杯

☆ 一瓶碳酸矿泉水

☆ 葡萄干若干

◎ **实验开始：**

1. 把葡萄干放入玻璃杯中，并向杯子里倒入半杯碳酸矿泉水；

2. 仔细观察葡萄干有什么变化。

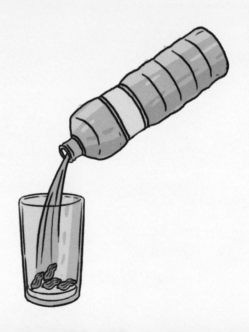

◎ 有趣的发现：

当向杯子中倒入碳酸矿泉水时，里面的葡萄干就会上蹿下跳，像是"跳舞"一样。

嘉嘉："咦？难道葡萄干真的能在水里'跳舞'吗？"

孔墨庄叔叔解释说："当然不是，其实只要仔细观察一下葡萄干，你就会发现其中的奥秘。当矿泉水倒入杯中后，葡萄干周围就会出现像气球一样的水泡，把葡萄干向上托起。当葡萄干浮到了水面时，气泡遇到空气就会破裂，没有了气泡的葡萄干就会沉下去，一会儿又有新的气泡将它重新托起。所以你才会看到葡萄干'跳舞'的现象。"

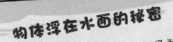

物体浮在水面的秘密

很多物体在掉进水里后，都会浮在水面上，这是为什么呢？其实这就是由于液体具有浮力的原因。但是，当水凝结成冰块后，浮力就会消失，这主要是因为浮力产生的主要原因是液体的压强，当液体变成固体后，压强不见了，浮力自然也就消失了。

丹丹："皮皮、嘉嘉，你们在干什么？为什么把瓜子仁剥出来却不吃啊？是留着给我吃的吗？"

皮皮："想得美！我们打算做实验！"

嘉嘉："对！我们打算看看这瓜子仁会不会在水里'跳舞'。"

丹丹："那还是不要做这个实验了，直接吃掉算了。"

皮皮："为什么？"

丹丹："因为你们肯定看不到瓜子'跳舞'啊！葡萄干上有好多褶子，里面有空气，可是瓜子身上很光滑啊！"

嘉嘉："有道理，皮皮，咱们还是吃了吧，我都忍不住了。"

还没等皮皮说话，丹丹和嘉嘉就把瓜子仁抢走了。

奇怪的"墨水流"

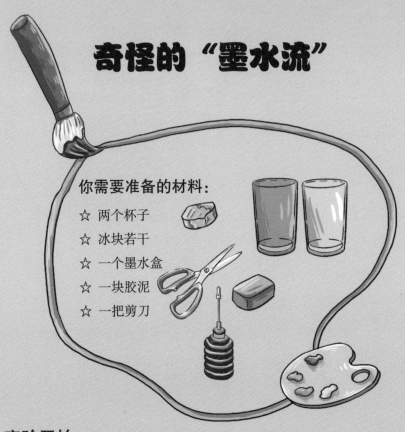

你需要准备的材料：

☆ 两个杯子
☆ 冰块若干
☆ 一个墨水盒
☆ 一块胶泥
☆ 一把剪刀

◎ 实验开始：

1．两个杯子分别装入热水，向其中一个杯子里放入冰块，让它变成冷水；

2．将墨水盒固定在胶泥上，放入另一个杯子的热水中，防止墨水盒浮起来；

3．5分钟之后捞起墨水盒，剪开盒口迅速放入冷水中，你发现了什么？

◎有趣的发现:

当把墨水盒从热水中捞起来放入冷水里后,墨盒里的墨水就会浮起来。

看到这一现象,嘉嘉说: "孔墨庄叔叔,墨水喷出来能说明什么呢?"

孔墨庄叔叔解释说:"这个实验就是为了告诉大家,热水总是向上运动的。试验中热的墨水放入冷水中之所以会喷出来,就是因为这个原因,这也是为什么大家在喝热水时,第一口总是会被烫到的原因。"

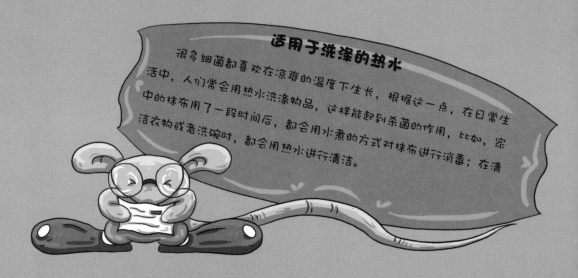

适用于洗涤的热水

很多细菌都喜欢在凉爽的温度下生长，根据这一点，在日常生活中，人们常会用热水洗涤物品，这样能起到杀菌的作用，比如，家中的抹布用了一段时间后，都会用水煮的方式对抹布进行消毒；在清洁衣物或者洗碗时，都会用热水进行清洁。

皮皮正在用嘴吹杯子里的热水，嘉嘉看到了，说："皮皮，直接往杯子里放些冰块不就好了，这样吹多费劲啊！"

皮皮："就算你放冰块，你第一口喝进去的也会烫嘴的，我还是慢慢吹吧。"

嘉嘉："怎么可能？我去试试。"

说完，嘉嘉就去倒热水，往杯子里放冰块，吹都不吹一下就喝，只听他惨叫："烫、烫、烫……烫死了！"

会 "开放" 的纸花

你需要准备的材料：

☆ 一个水盆

☆ 一张纸

☆ 一把剪刀

☆ 一支彩色笔

◎实验开始：

1. 将纸剪成一个八角星，并用彩色笔在八个角上涂上你喜欢的颜色，变成一朵美丽的花；

2. 把涂好的花向中间对折；

3. 把叠好的花放在水盆里，你发现了什么？

◎有趣的发现：

当把折好的花放入水盆后，里面的花瓣会慢慢打开，能看到花心。

"天啊！居然开花了！这也太神奇了！"皮皮看到纸花绽开后，不禁兴奋地叫起来。

孔墨庄叔叔看到大家兴奋的模样，说："其实，纸花之所以会打开，就是因为水。"

嘉嘉听到这里不解地问："孔墨庄叔叔，难道这个纸花也和植物一样，需要吸收水分才会开花吗？"

孔墨庄叔叔笑着说："当然，但是纸花吸收水分与植物吸收水分的作用是不一样的。植物吸收水分是为了更好地进行光合作用，而纸花却是因为水挤进了纸的纤维中，尤其是折痕处的纤维，这些纤维吸收膨胀后，就会慢慢打开，于是我们就会看到纸'开花'的现象。"

吸收水分的根部

植物主要是依靠根部从外界吸收水分，而根尖则是吸收水的重要部位。由于植物叶子的蒸腾作用，让植物很快就失去体内的水分，而在蒸腾的过程中，水不想被蒸发出去，这些水分子之间就会产生一定的拉力，从上到下，上面只要失去水分，下面就会有水继续被"吸"进来。并且，植物的根还有吸收矿物质的作用，为树木补充营养，但是植物吸收矿物质与吸收水的途径是分两条路线的，属于两个独立的过程。

嘉嘉："皮皮，快看我的纸花好看不？"

皮皮："恩！确实挺好看的！"

嘉嘉："那是！我可花了很多工夫做的。"

皮皮："等等！嘉嘉，你用什么纸做的啊？"

嘉嘉："我也没注意，就是从书包里随便抽出一张纸。"

皮皮："嘉嘉，你犯错误了，这是咱们的试卷，老师一定会批评你的！"

活跃的"潜水员"

你需要准备的材料：

☆ 一个玻璃杯

☆ 一瓶水

☆ 一个空香水瓶

◎ **实验开始：**

1. 往杯子中装入大半杯水，并把香水瓶的头朝下放入杯子中；

2. 用手盖住杯子，一定要盖严实，你发现了什么？

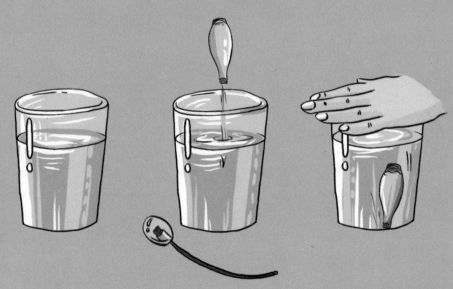

◎**有趣的发现：**

当把香水瓶倒扣放入杯子后，香水瓶中就会进入水，直到香水瓶浮在杯子里，当你用手盖住了杯子，香水瓶就会往下沉，把手松开，杯子就会又浮起来。

"天啊！真是太好玩了！怎么还能一上一下呢？"嘉嘉兴奋地说道。

孔墨庄叔叔解释说："这主要与压力有关。当你用手盖住杯子时，就会加大杯子里的压力，香水瓶里面就会灌入更多的水，渐渐沉下去，但是当你松开手后，就恢复了原始压力，香水瓶自然就会又浮上来。"

液体压强

当液体受到重力的作用时，就会产生液体压强，当然，若是在失重的条件下，就没有压强可言，而且，在液体内部，同一深度各个方向的压强是相等的，所以，当你得知这个液体竖直向下的压强时，也就知道了在这同一深度液体各个方向的压强。

嘉嘉正在摆弄着杯子，里面的小香水瓶也一上一下的。皮皮看到后，说："嘉嘉，还在玩啊！咦？你的这个小香水瓶真好看，颜色也好看，是从哪里找到的墨水啊？"

嘉嘉神秘地笑了笑："哪里有什么墨水啊，全都是现成的！"

皮皮："现成的？嘉嘉，你不会又拿了丹丹的香水瓶吧！"

嘉嘉："只是借用一下啦！"

皮皮："……"

"不停" 的螺旋

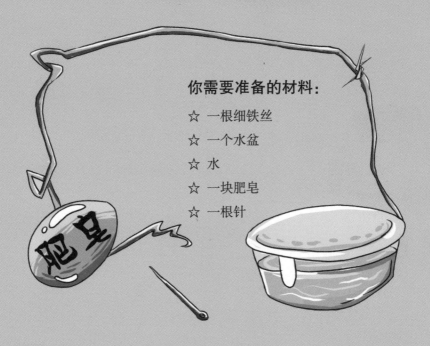

你需要准备的材料：

☆ 一根细铁丝

☆ 一个水盆

☆ 水

☆ 一块肥皂

☆ 一根针

◎实验开始：

1. 将细铁丝卷成螺旋状，放入水中；

2. 用针穿一块小肥皂，并放在螺旋铁丝的中间，你发现了什么？

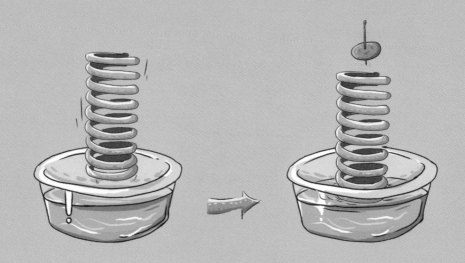

◎有趣的发现：

当把这块小肥皂放在螺旋铁丝中间时，铁丝就会不停地旋转，几个小时后都不会停止。

丹丹看着旋转的铁丝，不解地问："孔墨庄叔叔，这个肥皂这么厉害啊，居然能带着铁丝旋转！"

孔墨庄叔叔解释说："铁丝之所以会旋转，确实是因为肥皂。因为肥皂是溶于水的，而螺旋状的铁丝正好阻碍了肥皂的溶化，为了让自己能够溶化，肥皂在溶解的时候就会扩散，改变了螺旋面上水的张力，然而螺旋以外的张力却并没有因此改变，当肥皂逐渐溶化后，中间的张力就会产生作用，于是便产生旋转的现象。"

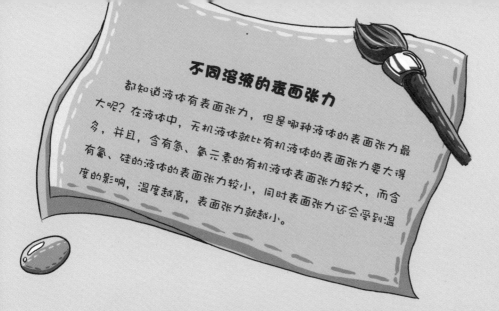

不同溶液的表面张力

都知道液体有表面张力，但是哪种液体的表面张力最大呢？在液体中，无机液体就比有机液体的表面张力要大得多，并且，含有氟、氧元素的有机液体表面张力较大，而含有氟、硅的液体的表面张力较小，同时表面张力还会受到温度的影响，温度越高，表面张力就越小。

　　嘉嘉："丹丹，你快来看，纸片放进水里，再放入肥皂，纸片也会'跑'啊！"

　　丹丹走过来："哇！真的耶！嘉嘉，你真棒，总能想到用不同的东西做实验。"

　　嘉嘉："不要夸我了，我会骄傲的！"

　　皮皮也走过来看，无奈地说："嘉嘉，你怎么又拿了一张试卷做实验？"

"行动"迅速的火柴

你需要准备的材料：

☆ 两根火柴

☆ 两个盆子

☆ 适量水

☆ 一瓶洗涤剂

☆ 一把小刀

◎实验开始：

1．用小刀小心地将两根火柴的一端削成叉状；

2．在一根火柴的叉状地方滴上几滴洗涤剂，放入盛有水的水盆中；

3．将没有滴洗涤剂的火柴放入一盆清水中，你观察到了什么？

◎有趣的发现：

当把滴有洗涤剂的火柴放入水中后，火柴就像火箭一样，一下子就射了出去。没有滴洗涤剂的火柴，则平静地浮在水面上。

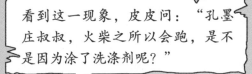

看到这一现象，皮皮问："孔墨庄叔叔，火柴之所以会跑，是不是因为涂了洗涤剂呢？"

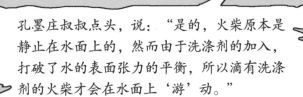

孔墨庄叔叔点头，说："是的，火柴原本是静止在水面上的，然而由于洗涤剂的加入，打破了水的表面张力的平衡，所以滴有洗涤剂的火柴才会在水面上'游'动。"

丹丹又问："孔墨庄叔叔，洗涤剂到底是溶于水还是溶于油呢？"

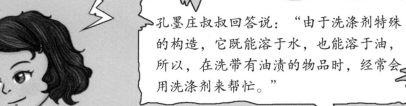

孔墨庄叔叔回答说："由于洗涤剂特殊的构造，它既能溶于水，也能溶于油，所以，在洗带有油渍的物品时，经常会用洗涤剂来帮忙。"

洗涤剂

洗涤剂的主要成分是表面活性剂，而这个表面活性剂的分子结构中含有亲水基和亲油基这两个部分。之所以能够清洗油污，就是因为有表面活性剂，因为它的亲水基与亲油基，可以让洗涤剂在溶入水的同时，与油发生反应，让油也溶于水中。

嘉嘉："皮皮，你说我要是先往火柴上滴油，火柴会不会也跑啊？"

皮皮："应该可以吧，因为这也改变了水的表面张力啊！"

嘉嘉："那我再向里面滴入一滴洗涤剂呢？"

皮皮："肯定会跑得更快。"

嘉嘉："为什么？"

皮皮："因为看到洗涤剂后，油就会跑得很快啊！"

看"谁"先沉下去

你需要准备的材料：

☆ 一把剪刀

☆ 一张薄纸巾

☆ 两个杯子

☆ 水

☆ 一瓶洗涤剂

◎实验开始：

1．用剪刀在薄纸巾上剪出两个相同的形状；

2．两个杯子里面装满水，并向其中一个杯子中加入几滴洗涤剂；

3．将你剪出来的纸巾放入杯子中，你发现了什么？

◎**有趣的发现:**

当把纸巾分别放入两个杯子里后,滴入洗涤剂的那张纸巾很快就沉下去了,而没有滴入洗涤剂的纸巾却还漂在水面上。

"咦?怎么会这样呢?不是同样的物质吗?怎么会一个沉得快,一个沉得慢呢?"丹丹不解地问。

孔墨庄叔叔解释说:"这是因为水的表面张力在作怪。纸巾在放入水中后,由于洗涤剂的表面张力较小,就容易破坏洗涤剂水面的表面张力,使水浸湿的速度更快。而清水中的表面张力较大,把纸放在水面上后,需要一段时间才能破坏到水表面的张力平衡。所以,洗涤剂中的纸沉得比较快。"

浮力与水的表面张力

质量较轻的物体可以通过浮力漂浮在水面上，而微小的物体则可以通过水的表面张力浮在水面上。这两者之间有什么不同吗？当然有，先从力的方向来说，浮力是水平向上的，而表面张力则与水面相切。通常情况下，水的表面张力是固定不变的，而且此力过于微小，所以，很多情况下都是忽略不计的，而浮力则会受到水深、质量等因素的影响。

嘉嘉："咦？怎么回事？为什么这两个东西同时掉下去了？"

皮皮正好看到嘉嘉的实验，不禁摇摇头："嘉嘉，你最好换一个东西做实验。"

嘉嘉："为什么啊？"

皮皮："你见过漂在水面上的石头吗？"

杯中"喷泉"

你需要准备的材料:

☆ 一个果酱瓶

☆ 一根麦秆

☆ 一块胶泥

☆ 一瓶蓝色墨水

☆ 一只煮锅

◎实验开始:

1. 在果酱瓶盖上钻一个麦秆大的孔,往瓶子中装入三分之一的冷水,再滴入几滴蓝色墨水,使瓶中的水变成淡蓝色;

2. 把瓶盖拧紧,并插入麦秆,插至水下三分之二的位置就可以;

3. 用胶泥将麦秆与瓶口的缝隙封住;

4. 把瓶子放进装满热水的煮锅里,你发现了什么?

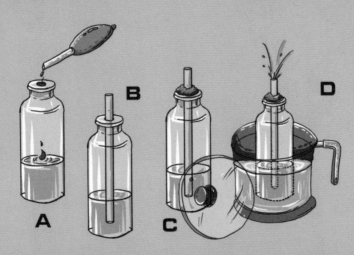

◎有趣的发现：

当把瓶子放入装有热水的煮锅后，胶泥就会被崩开，水就像喷泉一样从麦秆中喷出来。

"哇！这个实验也太厉害了！居然又一次制造了喷泉。"嘉嘉感慨地说。

孔墨庄叔叔解释说："之所以会出现喷泉，是因为空气压力增大。煮锅里面的热水加热了瓶中的空气，使得瓶子里的空气运动得越来越激烈，就需要更多的空间，然而用麦秆和胶泥把瓶口封住后，瓶中的空气找不到足够的运动空间，当空气膨胀到一定程度后，胶泥就会被崩开，而水就会从麦秆中喷出来。"

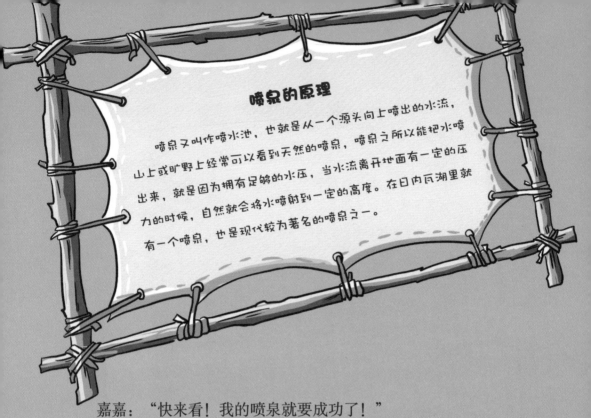

喷泉的原理

喷泉又叫作喷水池，也就是从一个源头向上喷出的水流，山上或旷野上经常可以看到天然的喷泉，喷泉之所以能把水喷出来，就是因为拥有足够的水压，当水流离开地面有一定的压力的时候，自然就会将水喷射到一定的高度。在日内瓦湖里就有一个喷泉，也是现代较为著名的喷泉之一。

嘉嘉："快来看！我的喷泉就要成功了！"

皮皮和丹丹都走到了嘉嘉身边，观看他的实验成果，但是喷泉怎么也没有喷起来。

嘉嘉："咦？怎么回事？哪里出问题了？"

皮皮："嘉嘉，麻烦你先把外面的水加热好吗？"

改变水流方向

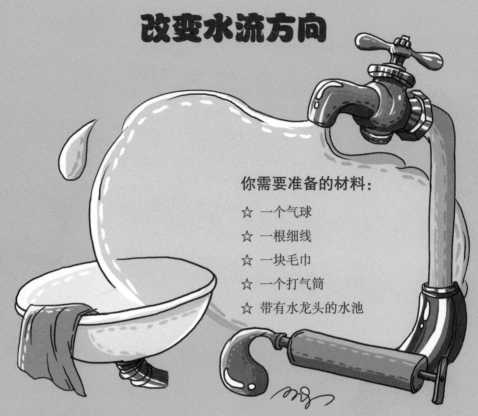

你需要准备的材料：

☆ 一个气球

☆ 一根细线

☆ 一块毛巾

☆ 一个打气筒

☆ 带有水龙头的水池

◎ 实验开始：

1．用打气筒给气球打气，并用细线把气球口扎紧，然后用毛巾轻轻摩擦气球；

2．水龙头拧开，把气球放在靠近水龙头流水的地方；

3．仔细观察，你发现了什么？

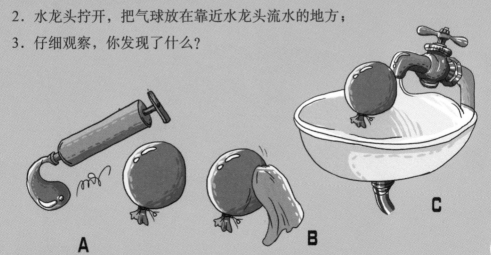

A   B   C

◎有趣的发现：

把气球放在靠近水流的地方后，水就改变了原来的流动方向。

"天啊！气球居然改变了水流的方向！孔墨庄叔叔，这到底是怎么回事啊？"嘉嘉不解地问。

孔墨庄叔叔解释说："这是由于静电在作怪！"

"静电？可是我没有看到哪里有电啊？"皮皮问。

孔墨庄叔叔继续解释说："静电是在气球与毛巾摩擦的时候产生的，不要小瞧静电，它会吸引小股的水流，这样水流就会向着气球的方向弯曲。"

会导电的水

通常水是导体，还能在电流作用下，分解生成氢气和氧气，工业上用此法制成纯氢和纯氧。而水之所以会导电，就是因为水里面含有矿物质，这样水就相当于是混合物，不是真正的纯净水。但在日常生活中，我们都会忽略水中的矿物质，因为里面的含量十分少。而真正纯净的水里面不含有矿物质，水的本质是不导电的，纯净水自然也就不能导电了，它只是纯净物氧化氢。水越不纯，所含的矿物质就越多，导电性就越好。

嘉嘉站在水龙头旁边，手里拿着电池："这也太奇怪了！"

丹丹："嘉嘉，你在干什么？洗电池吗？"

嘉嘉："没有！我正在用电池改变水流的方向，可是怎么都改变不了！这也太奇怪了。"

丹丹："嘉嘉，电池虽然是发电体，但是如果没有导体，它是不会自己放电的。"

水流"点灯"

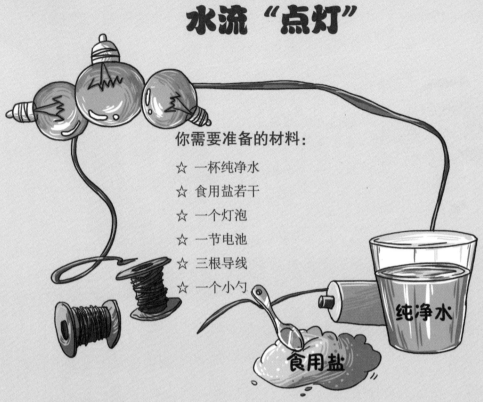

你需要准备的材料:

☆ 一杯纯净水

☆ 食用盐若干

☆ 一个灯泡

☆ 一节电池

☆ 三根导线

☆ 一个小勺

纯净水

食用盐

◎ 实验开始:

1．用这三根导线，接好灯泡和电池;

2．然后把导线的两端，放入装有纯净水的杯子里;

3．向纯净水中加入食用盐，并用小勺搅拌，你发现了什么?

纯净水

加盐

食用盐

◎有趣的发现：

导线放在纯净的水中，灯泡并没有发亮，但当往杯子里加盐后，灯泡发出了微弱的灯光。

丹丹惊奇地说："哇！灯泡居然亮了，这是怎么回事啊，孔墨庄叔叔？"

孔墨庄叔叔解释说："这是因为食用盐在起作用。当导线放入纯净水中，纯净水不是导体，所以灯泡不亮，然而往水里加入食用盐后，就形成了盐水，盐水是导体，这时的灯泡会发出光亮。"

作用多多的盐水

在日常生活中，经常会用到盐水。生病的时候会使用生理盐水，就连食物保鲜，都可以用到盐水。盐水最常见的用处还是消毒，为什么可以用盐水进行消毒呢？主要是因为盐水具有渗透作用，让细菌缺水而死。所以盐水还能用来清除口腔异味，达到口腔清洁的作用，甚至连肠胃不适的时候，都可以喝一杯盐水，消除胃酸，达到酸碱中和。

嘉嘉："皮皮，你看！不仅盐水导电，就连水果都是导电的。"

皮皮："真的呀！"

嘉嘉："是啊！可是为什么说人体也是导体？我明明用我自己做导体，这个灯泡却不亮啊！"

皮皮："那是因为导体都是有一定的电阻的，你那么大的体积，这么点小电量怎么通过啊！不过，触电是相当危险的，你可不能拿自己做导电实验。"

会"走"的水

你需要准备的材料：

☆ 一个瓶子

☆ 一个量杯

☆ 适量水

☆ 一个大碗

◎ 实验开始：

1. 用量杯量出等体积的水，分别倒入瓶子和碗里；

2. 将瓶子和碗放在阳台上，让它们享受一下阳光，并在外面待一个晚上；

3. 第二天，观察瓶子和碗里的水，你发现了什么？

◎有趣的发现：

第二天，看到碗里的水与瓶子里的水都明显减少了，并且碗里的水减少得更明显。

看到这一现象，嘉嘉不解地问："碗中和瓶子里面盛的不是等量的水吗？为什么碗里的水减少得快呢？"

孔墨庄叔叔解释说："虽然这两个物体中装的是等量的水，但是有一点不同，那就是露在空气中的水的面积。碗里的水和瓶子里的水，在经过阳光的照射后会蒸发，水分减少是肯定的，但是，由于瓶子的敞口面积较小，所以蒸发的速度比碗里的要慢。所以你们才会看到这一现象。"

蒸发的过程

在液体蒸发的过程中，里面的分子为了摆脱其他分子给它们的引力，努力地运动着，为了让自己获得更多的能量，它们就会吸收周围的热量，所以，在蒸发的过程中，液体周围的温度会下降。

丹丹："皮皮，你拿一个盆在做什么？"

皮皮："我在看我昨天晒的水，怎么这么快就被蒸发了呢？"

嘉嘉这时也走过来："你们在干什么呢？皮皮，你怎么拿着这个盆啊？"

皮皮："这是我昨天放在这里做蒸发实验用的，可是今天水就没有了，这蒸发得也太快了吧！"

嘉嘉："啊，这是你做实验用的？可是这个明明是小猫喝水用的盆啊！"

嘉嘉指着一旁正在盯着皮皮手中盆子的小猫说。

沸腾有"先后"

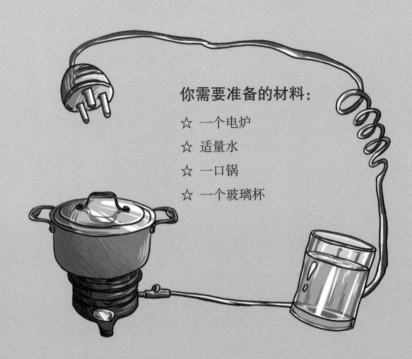

你需要准备的材料：

☆ 一个电炉

☆ 适量水

☆ 一口锅

☆ 一个玻璃杯

◎ 实验开始：

1. 在锅里放入适量的水，再将玻璃杯放在锅里，往杯子里也加入同等高度的水；

2. 把锅放在电炉上加热；

3. 过了几分钟后，你发现了什么？

◎ 有趣的发现：

过了几分钟后，锅里的水已经开始沸腾了，但是，杯子里的水却没有沸腾。

看到这一现象，嘉嘉不解地问："咦？不是同样的水吗？怎么杯子里的水没有沸腾呢？"

孔墨庄叔叔解释说："我们都知道水的沸点是100℃，当然，这必须持续吸收热量才能保持沸腾的状态，而且温度也要保持在100℃。试验中，虽然锅里的水已经加热至沸腾，杯子里的水同样也达到了100℃，但是，由于杯子里的温度和杯子外的温度一样，让里面的水无法继续吸收热量，所以杯子里的水无法沸腾。"

沸腾的奥秘

液体在到达了沸点后就会沸腾，不同的液体沸点也不同，同时沸点也会因为大气压的不同而改变，在标准气压下，水的沸点为100℃，并且，当液体达到沸点，发生沸腾后，温度就会保持不变，仍然会通过吸收热量保持温度。

嘉嘉："好奇怪哦！怎么会是这个味道呢？"

皮皮看着喝水的嘉嘉，不解地问："嘉嘉，你在喝什么啊？"

嘉嘉："皮皮，你来得正好，帮我尝一尝这个味道。"

皮皮尝了尝："怎么有一股酒味？"

嘉嘉："这个就是酒，只不过是我煮过的酒，我以为这样酒的浓度应该更大一些，可是怎么会变淡了呢？"

皮皮："嘉嘉，你难道又忘了酒精会挥发吗？还有，酒是从哪里来的？"

嘉嘉："嘿嘿，只不过是借用一点孔墨庄叔叔的酒！"

冷水也"沸腾"

你需要准备的材料：

☆ 一块小手帕

☆ 一个玻璃杯

☆ 适量冷水

◎实验开始：

1. 往玻璃杯中倒入冷水，深度大约在杯子的四分之三处；

2. 将手帕弄湿、摊开，盖住玻璃杯的杯口，用手轻轻按压手帕，让它在杯子内部轻轻凹陷；

3. 用左手掌罩住手帕，覆盖在杯口，右手举起杯子，让杯口紧紧地压在左掌心上，然后反转杯子，让杯底朝上，左手压住手帕并连同它一起握在杯口附近，再将杯子翻转过来。你发现了什么现象？

◎有趣的发现：

当杯口的手帕被你拉紧，将杯子翻转过来后，就会有气泡升腾到水面，就像水沸腾了一样。

皮皮不解地问："孔墨庄叔叔，水里的这些气泡是从哪里来的啊？不会真的沸腾了吧？"

孔墨庄叔叔解释说："其实这些气泡是水上面的真空部分。当你将装有水的杯子倒过来后，水面上就会产生真空部位，当你拉紧杯口的手帕后，一些空气就会透过手帕的空隙钻进去填补杯子里的真空部分，所以，在翻转杯子的时候，就会不断出现升腾的气泡，看起来就像水沸腾一样。"

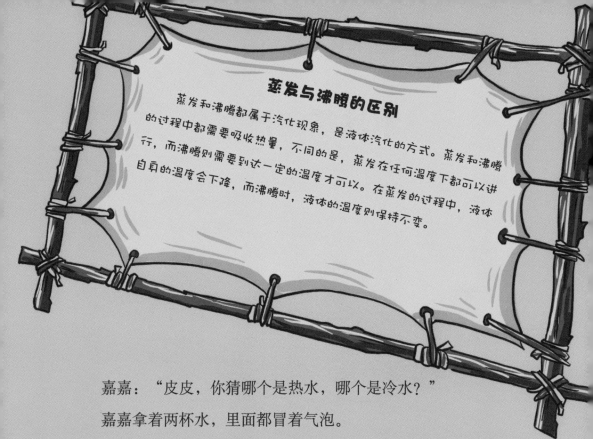

蒸发与沸腾的区别

蒸发和沸腾都属于汽化现象，是液体汽化的方式。蒸发和沸腾的过程中都需要吸收热量，不同的是，蒸发在任何温度下都可以进行，而沸腾则需要到达一定的温度才可以。在蒸发的过程中，液体自身的温度会下降，而沸腾时，液体的温度则保持不变。

嘉嘉："皮皮，你猜哪个是热水，哪个是冷水？"

嘉嘉拿着两杯水，里面都冒着气泡。

皮皮："当然是这杯了！"

嘉嘉："你怎么一下子就猜对了！"

皮皮："嘉嘉，麻烦你下次让我猜的时候，先把水蒸气藏好！"

水油不"相容"

你需要准备的材料:

☆ 两个大小相同的玻璃杯

☆ 适量食用油

☆ 适量水

☆ 一张厚纸片

☆ 一把剪刀

◎ 实验开始:

1．比划着玻璃杯的杯口，用剪刀将厚纸片剪成一个正方形，将正方形纸片放在玻璃杯口上，四周要比玻璃杯宽2厘米；

2．将其中一个玻璃杯灌满水，另一个杯子装满食用油；

3．将厚纸片放在装满水的玻璃杯上，紧紧地按住纸片，并将杯子倒过来，将杯子和纸片一起盖在装食用油的杯子上；

4．挪走纸片，你看到了什么？

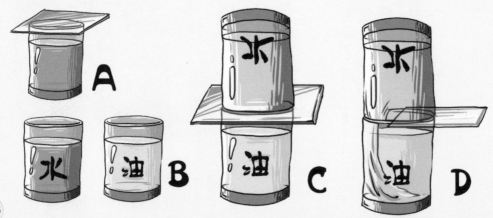

◎有趣的发现：

当你将纸片挪开，水和油相接触时，水就会往下流，取代了油的位置，而油也开始往上走。

"哇，孔墨庄叔叔，这是不是就是'水往低处流，油往高处走'啊？"嘉嘉问道。

孔墨庄叔叔笑了笑，说："水确实是往低处走，但是之所以油会向上走，是因为水的密度比油的密度要大。也就是说，水要比油重，再加上水和油不相溶，所以，你才会看到'水往低处流，油却往高处走'的现象。"

影响物体浮力的因素

落入水中的物体，有的会上浮，有的会下沉，这是为什么呢？这主要是因为物体质量的不同。相同体积的物体，但是重量不同，放入水中，轻的物体总是会浮在水面，这就是因为它的重力比所受到的浮力要小，所以才能漂浮在水面，而那个较重的物体，就会因为重力比浮力大而沉入水底。

嘉嘉："皮皮，救救我！"

皮皮："怎么了？"

嘉嘉："我把丹丹的香水和水混合在一起了，我没法区分了，你快帮帮我吧！"

皮皮："嘉嘉！我上次就告诉过你，香水和水是会混合的，你怎么就是不听呢！"

嘉嘉："我不是好奇嘛，好了！快给我想想办法啦！"

皮皮："只有一个办法，那就是直接把香水放回去，装作什么都发生过。"

丹丹："当然不能装作什么都没发生过，因为我全都听到了！"

流水不"流"

你需要准备的材料:

☆ 一个塑料瓶

☆ 一个漏斗

☆ 一个水杯

☆ 一块胶泥

☆ 适量水

◎ **实验开始:**

1. 把漏斗插进塑料瓶的瓶口,用胶泥堵住瓶口的缝隙处,不让瓶子里的空气跑出来;

2. 用水杯盛一些水,迅速把水倒入漏斗里,你发现了什么?

◎有趣的发现：

当你向漏斗里倒水时，开始还有少量的水流进瓶子里，但是过了一会，
水就停止在漏斗里，不再往下流了。

嘉嘉看到这里，不禁问："这水
怎么不往下流了，是不是哪里被
堵住了啊？"

孔墨庄叔叔解释说："水之所以无法流进瓶子里，确实
是被堵住了，堵住它的就是瓶子里的空气。因为塑料瓶
是用胶泥给封死了，它里面充满了空气，当你迅速将水
倒入漏斗里，就好像给塑料瓶加上一个塞子一样，里面
的空气被堵死，所以，漏斗里面的水也无法进入塑料
瓶中。"

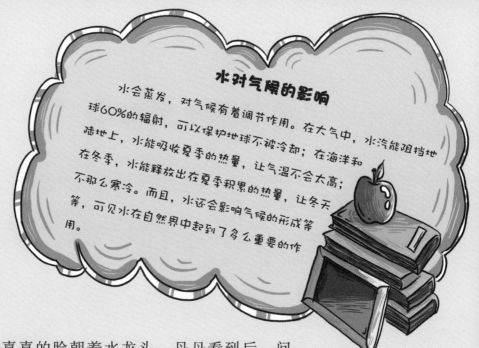

水对气候的影响

水会蒸发，对气候有着调节作用。在大气中，水汽能阻挡地球60%的辐射，可以保护地球不被冷却；在海洋和陆地上，水能吸收夏季的热量，让气温不会太高；在冬季，水能释放出在夏季积累的热量，让冬天不那么寒冷。而且，水还会影响气候的形成等等，可见水在自然界中起到了多么重要的作用。

嘉嘉的脸朝着水龙头，丹丹看到后，问："嘉嘉，你在洗脸吗？怎么做这样一个姿势。"

嘉嘉："我正要做实验，我想看看如果我用嘴吹水流的话，会不会也能让水不流出来。"

丹丹："嘉嘉，你确定你有那么大的力气能让水一直在水龙头里不流出来吗？"

嘉嘉："行不行，试一试，就知道了！"

说完，嘉嘉就把水龙头打开了，结果打开的水流太大了，还没等嘉嘉鼓起气吹，就直接喷在了嘉嘉的脸上。

"装不满" 的杯子

你需要准备的材料：

☆ 一个杯子

☆ 一些硬币

☆ 适量水

◎ 实验开始：

1. 向一个干燥的杯子中装入水，但不要让水溢出；

2. 往杯子里面放入硬币，观察杯子里水面的高度，你发现了什么？

◎**有趣的发现：**

当你向杯子里放入硬币的时候，就算已经放了很多的硬币，但是杯子里的水就是溢不出来。

嘉嘉："难道这个杯子是无底洞吗？怎么都装不满？"

孔墨庄叔叔解释说："杯子里的水之所以不会溢出，是因为当你向杯子里投硬币后，杯子里的水面呈现一个小山丘的形状。这个形状的水面表面张力最强，这是分子之间相互吸引所造成的。所以，就算你放入很多硬币，水也不会溢出。"

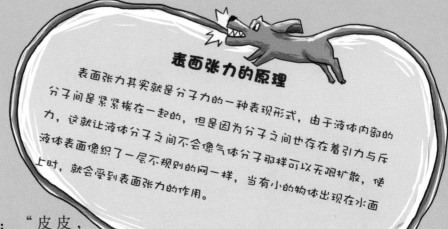

表面张力的原理

表面张力其实就是分子力的一种表现形式，由于液体内部的分子间是紧紧挨在一起的，但是因为分子之间也存在着引力与斥力，这就让液体分子之间不会像气体分子那样可以无限扩散，使液体表面像织了一层不规则的网一样，当有小的物体出现在水面上时，就会受到表面张力的作用。

嘉嘉："皮皮，快！借给我一些硬币。"

皮皮："你要做什么啊？"

嘉嘉："我的硬币都用光了，可是水还是没有溢出来，我想看看究竟要多少硬币，水才会溢出来。"

皮皮："我看看你的水杯。"

只见嘉嘉水杯中离杯口还有很长一段距离，皮皮无奈地说："嘉嘉，相信我，就算把我的硬币用光，你的水也不会溢出的！"

嘉嘉："为什么？难道还要用丹丹的？"

皮皮："麻烦你把水加到和杯口几乎相等的高度好吗？现在还差一大截，就算用完丹丹的硬币也不行啊！"

水滴 "放大镜"

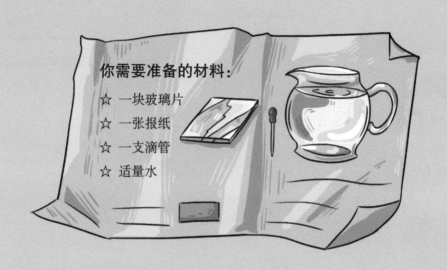

你需要准备的材料:

☆ 一块玻璃片

☆ 一张报纸

☆ 一支滴管

☆ 适量水

◎ 实验开始:

1. 把玻璃片擦干净,用滴管吸取一些水,滴在玻璃片上;

2. 小心地拿着这块滴上水滴的玻璃片,放在报纸上,透过小水滴你发现了什么?

◎有趣的发现：

透过水滴看报纸上的字，字体都变大了。

"咦！怎么透过水滴看报纸，报纸上的字都变大了呢？"丹丹不解地问。

孔墨庄叔叔解释说："这时的水滴就相当于是一个放大镜。把水滴在玻璃片上后，水就会在玻璃片上缩成一个球状，形成一个凸透镜的形状，这与玻璃凸透镜的原理是一样的，都能起到放大的作用，这就是为什么你通过水滴看到的字体会被放大的原因。"

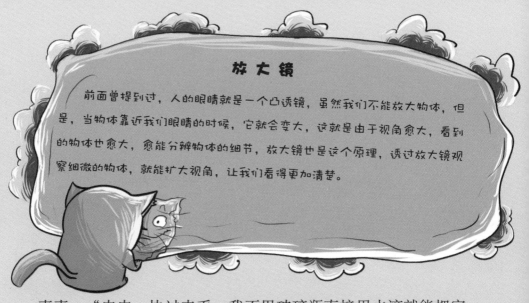

放 大 镜

前面曾提到过，人的眼睛就是一个凸透镜，虽然我们不能放大物体，但是，当物体靠近我们眼睛的时候，它就会变大，这就是由于视角愈大，看到的物体也愈大，愈能分辨物体的细节，放大镜也是这个原理，透过放大镜观察细微的物体，就能扩大视角，让我们看得更加清楚。

嘉嘉："皮皮，快过来看，我不用玻璃瓶直接用水滴就能把字变大！"

皮皮："真的吗？怎么做的？我看看！"

只见嘉嘉直接把水滴在了报纸上。

皮皮无奈的说："嘉嘉，你不仅把字直接变大了，还毁了一张报纸，这张报纸孔墨庄叔叔好像还没有看过呢！"

笔被水"折断"了

你需要准备的材料：

☆ 一支铅笔

☆ 适量水

☆ 一个杯子

☆ 阳光

◎实验开始：

1. 将杯子装满水，并把铅笔放进杯子里；

2. 将这杯水放在阳光下，透过杯子看铅笔，你发现了什么？

◎有趣的发现：

将杯子放在阳光下，再透过杯子看铅笔，铅笔就好像被水折断一样。

"哇，好神奇！这是为什么啊？在水里的铅笔怎么像是被折断了？"皮皮惊奇地说。

孔墨庄叔叔解释说："之所以会出现这一现象，就是因为阳光照射。当阳光照射水杯时，由于玻璃杯是透明的，再加上杯子里面还有水，透过杯子看，阳光就不再是直接通过空气射到你的眼睛中，而是通过了水、玻璃杯、空气之后，才射到你的眼睛里。光线就是在透过这些界面的时候发生了折射。"

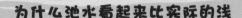

为什么池水看起来比实际的浅

光从一种透明介质斜着射入另一种透明介质的时候，光的传播方向就会发生变化，这就是光的折射，也正是因为这个原因，透过水或者玻璃等透明介质看其他物体，就会感觉这个物体比它实际的位置要高一些，也正是因为这个原因，当你站在水池旁边的时候，就会感觉水好像不是那么深，但是，千万不要贸然下去，否则会有危险。

嘉嘉："啊，不好了！我的手指折了。"

丹丹："啊？怎么回事？皮皮、孔墨庄叔叔你们快来啊，嘉嘉的手指折了。"

正在丹丹着急的时候，嘉嘉又突然把手伸在丹丹面前："哈哈，又好了！"

丹丹生气的说："嘉嘉！你是不是成心啊！"

嘉嘉一手拿着杯子，把另一只手的手指放进水里："你看看，这样手指就是折断了嘛！"

用水点灯

你需要准备的材料：

☆ 若干火柴

☆ 适量水

☆ 一块纸板

☆ 一个透明烧瓶

◎实验开始：

1. 将烧瓶装满水，放在阳光下，让阳光透过烧瓶；

2. 将纸板放在烧瓶的后面，移动纸板，让阳光在上面聚出清晰的亮点；

3. 将火柴放在亮点上，不要移动烧瓶，几分钟过后，你发现了什么？

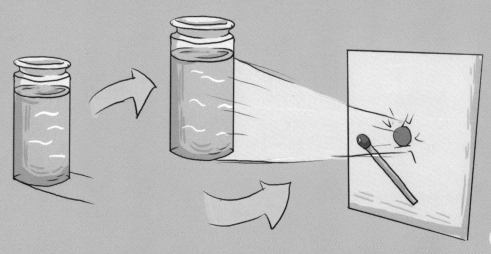

◎有趣的发现：

将火柴放在亮点上，过几分钟后，火柴居然自己燃烧了。

看到燃烧着的火柴，皮皮兴奋地叫起来："快看快看！火柴它自己燃烧了！"

嘉嘉也惊讶地说："居然自己燃烧了！怎么像放大镜一样！孔墨庄叔叔，这是怎么回事啊？"

孔墨庄叔叔解释说："其实这个装了水的烧瓶就相当于是个放大镜。当烧瓶中装入水后，就形成了凸透镜，利用凸透镜的聚光作用，使温度上升，这样放在聚焦点下的火柴就自动燃烧起来了。"

放大镜的原理

放大镜的原理和人体的眼睛有关。人在看不清一个物体的时候，就会将物体放到眼前，这样就可以看得更加清楚，但是，物体离眼睛太近，反而看得不清楚了。所以，这时就需要一个辅助工具——凸透镜，凸透镜的镜片是凸出的，原理和眼睛看物体的原理是一样。所以凸透镜具有放大的作用，它也是最简单的一种放大镜。

走钢索的小水滴

你需要准备的材料：

☆ 一块肥皂
☆ 一根细线
☆ 适量水
☆ 两个杯子
☆ 胶带

◎ **实验开始：**

1．向其中一个杯子里倒入半杯水；

2．用肥皂擦细线，并用胶带将细线固定在两个杯子的内壁上；

3．拿起装有水的杯子，让两个杯子之间的细线成一定的坡度；

4．轻轻拉紧两杯子之间的细线，然后将水缓缓地往外倒出，你发现了什么？

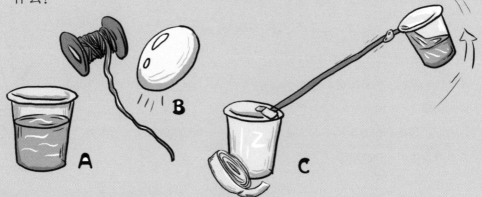

◎有趣的发现：

当将水往外倒时，水居然顺着细线缓缓地流到了另外一个杯子里。

丹丹看到这一现象之后，惊讶地说："这水怎么会顺着细线流到另一个杯子呢？像走钢丝一样，孔墨庄叔叔，这是怎么回事啊？"

孔墨庄叔叔解释说："这是因为细线被肥皂擦过。当水碰到被肥皂擦过的细线后，由于肥皂改变了水的表面张力，让水与细线接触得更加紧密，所以水才不会流下去，而是缓缓地流到了另一个杯子里面。"

无处不在的表面张力

在自然界中，我们到处都可以看到表面张力的现象和对张力的运用，比如秋天的露水总是呈球型的，一些小昆虫会利用表面张力的作用漂浮在水面上。而表层分子间的压力会随着水分子之间的距离增大而减小，在这个特殊层中分子间的引力作用占优势。